管渠自动控水灌溉研究

王春堂　闫光刚　等著

黄河水利出版社
·郑州·

内 容 提 要

本书在试验研究的基础上,研发了以灌溉水作为动力的大田作物管渠灌溉系统,重点介绍管渠灌溉系统的组成、工作原理,畦田田面水流扩散特性,横向水流入渗特性及田间水流分布特性,管渠灌溉对小麦耗水特性和产量的影响,以及管渠灌溉对夏玉米产量和水氮利用效率的影响等,可为大田作物灌溉提供参考借鉴和技术支持。

本书可供水利水电、农业水利及水利工程等方面的科研及生产技术人员参考,也可作为高等院校相关学科师生教学的参考书。

图书在版编目(CIP)数据

管渠自动控水灌溉研究/王春堂等著. —郑州:黄河水利出版社,2022.6

ISBN 978-7-5509-3318-7

Ⅰ.①管… Ⅱ.①王… Ⅲ.①管灌-自流灌溉-研究
Ⅳ.①S275.2

中国版本图书馆 CIP 数据核字(2022)第 103841 号

策划编辑:杨雯惠　电话:0371-66020903　E-mail:yangwenhui923@163.com

出　版　社:黄河水利出版社　　　　　　　　　网址:www.yrcp.com
　　　　　地址:河南省郑州市顺河路黄委会综合楼 14 层　邮政编码:450003
发行单位:黄河水利出版社
　　　　　发行部电话:0371-66026940、66020550、66028024、66022620(传真)
　　　　　E-mail:hhslcbs@126.com
承印单位:广东虎彩云印刷有限公司
开本:787 mm×1 092 mm　1/16
印张:8.75
字数:152 千字
版次:2022 年 6 月第 1 版　　　　　　　　　印次:2022 年 6 月第 1 次印刷
定价:60.00 元

前　言

　　水,是万物生长的源泉,是生命之本,是人类赖以生存和发展的宝贵资源,是人类生产和生活所必需的宝贵资源,水与人类的生活生产紧密相关,对社会发展、经济建设起着决定性作用。

　　虽然我国水资源总量较丰富,但人均占有量却十分贫乏,仅为 2 200 m³左右,只有世界平均水平的 1/4,是世界上少数几个最缺水的国家之一。同时,我国水资源时空分布严重不均,供需矛盾日益尖锐,尤其我国北方地区,水资源短缺严重,而农业用水量大,占全国总用水量的 60% 以上,是绝对的用水大户,但其用水效率低下,浪费严重,使紧缺的水资源更加短缺,所以发展大田作物节水灌溉技术,优化农田灌溉用水,将水资源利用最大化,最大程度降低水资源的浪费和消耗,减少水资源紧缺压力,是我国应重点解决的水资源可持续开发利用的重大问题。

　　我国传统的地面灌溉技术历史悠久,已有千年的历史,但我国至今使用的灌溉方式依然以地面灌溉技术为主。我国现有 0.633 亿 hm² 灌溉面积,其中98% 依然采用地面灌溉方法(赵蕾,2020)。因此,着力研究与发展适合我国大田灌溉需求的控制节水理论与技术,解决灌溉低效,实施全面高效规模化控水灌溉,提高灌溉水利用效率,是推动我国水资源可持续发展的必由之路,是我国经济发展迈向更高层的重要任务。

　　本书在试验研究的基础上,研发了大田作物管渠自动控水灌溉系统,该技术是将管渠布设于畦田中间,利用管渠输水代替田面输水的一种新型地面节水灌溉技术。本书重点介绍管渠灌溉系统的组成、工作原理,畦田田面水流扩散特性,横向水流入渗特性及田间水流分布特性,管渠灌溉对小麦耗水特性和产量的影响,以及管渠灌溉对夏玉米产量和水氮利用效率的影响等,系统可实现大田作物自动控水、控肥灌溉,解决了目前广大灌区用人工方式进行大田灌溉的传统灌溉模式,能准确地控制各灌溉技术参数的大小,能均匀而准确地实施施肥作业,有效提高灌溉水利用系数和科学施肥技术。

　　本书共分 5 章,主要包括绪论、管渠灌溉室内模拟试验、冬小麦大田管渠灌溉试验和夏玉米管渠灌溉试验、结论。具体撰写人员及撰写分工如下:第 1章由闫光刚、吴可清、孙晓琴撰写;第 2 章第 1~4、8 节由王光辉、李宗毅、王艳艳撰写;第2章第5、6、8节由王艳艳、李英豪、郭宗锋撰写;第2章第7、8节由孙晓琴、王世奠、王光辉撰写;第3章第1、2、5节由魏松、荣旭、王春堂撰写;第3章第3~5节由王丽芹、荣旭、闫光刚撰写;第4章第1、3、4节由王世奠、吴可清、魏松撰写;第4章第2、3节由郭宗锋、李英豪、王丽芹撰写;第5章由王春堂、李宗毅撰写。

全书由王春堂、闫光刚统稿。

本书中相关试验研究在山东农业大学水利与土木工程实验中心及马庄试验基地进行,试验期间得到了张庆华教授、孙玉霞高级实验师等专家和领导的指导帮助,在此一并表示忠心的感谢!

作　者

2022 年 3 月

目　录

第 1 章　绪　论

1.1　研究目的及意义

　　农业高效用水、科学配方施肥关系到国家的供水安全、粮食安全、经济安全和生态安全,但我国水资源时空分布不均匀,水资源不足、水生态受损、水环境污染问题突出。我国是一个干旱缺水的国家,人均水资源占有量只有 2 200 m^3,是世界平均水平的 1/4、美国的 1/5,在世界上名列 121 位,是全球 13 个人均水资源最贫乏的国家之一,而可利用的淡水资源量则更少。目前,我国农业用水量占全国总用水量的 62% 左右,所以农业是节水最具潜力的领域。2018年、2019 年农田灌溉用水有效利用系数分别为 0.554 和 0.559,到 2020 年耕地实际灌溉亩均用水量 356 m^3,农田灌溉用水有效利用系数提高到 0.565,尽管有效利用系数有所提升,但远低于节水技术先进国家的 0.7~0.8(夏青等,2020)。因此,应大力发展农业节水技术,提高田间输配水效率,提高灌溉用水效率。

　　同时,农业生产施肥技术落后,我国大部分农户还是以手工撒施或撒施后灌水为主,肥料对于农作物的增产贡献只有 30%~40%,远低于世界范围内 40%~60% 的标准(谭鸣等,2018)。化学肥料的过度施用,造成土壤酸化、次生盐渍化加重,土壤养分比例失调,作物发病率升高,农产品品质下降,同时使得地下水受到一定程度的点状污染和面状污染,且有逐年加重的趋势。日趋严重的水污染不仅降低了水体的使用功能,而且加剧了水资源短缺的矛盾,对我国正在实施的可持续发展战略造成了严重影响。我国耕地面积约为 20 亿亩(1 亩 = 1/15 hm^2,全书同),耕地总量仅为全球耕地面积的 7.5%,但我国人口占世界人口的 18.7%,人均耕地面积为 0.093 hm^2,是世界平均水平的 40% (中华人民共和国国土资源部,2017)。因此,提高肥料利用效率,加强水污染防治,提高粮食综合生产能力,在有限的耕地中,收获满足 14 亿人口的粮食,切实保障国家粮食安全成为重中之重。玉米是我国第一大粮食作物,种植广泛,在养殖、饲料和深加工等行业有着十分重要的地位和作用。以山东和河南为主的黄淮海平原夏播玉米区是中国夏玉米的重要产地,近几年来种植面积和产量逐年增加,但该地区全年总降水量较少,水资源不足、时空分布不均匀,导致干旱灾害频发,严重影响农业生产(吴霞等,2019)。黄淮海平原大多实行冬小麦—夏玉米轮作一年两熟种植制度,夏玉米生长雨热同期,降水主要集中在 7~8 月,若要获得夏玉米的高产,在夏玉米生育期内仍然需要灌溉。当前黄淮海平原夏玉米主要以漫灌、沟灌、畦灌等地面灌溉为主,灌水定额大,水分利用效率低。适量的氮肥能够提高玉米籽粒的灌浆速率,实现增产,但过量的施用氮肥不仅导致氮肥利用率降低、氮肥偏生产力下降,还会对土壤、大气、水质等造成危害(李明悦等,2020)。因此,要合理利用我国现有的水氮资源,改变传统的灌溉追肥撒施技术,改用管渠自动控水灌溉,找到适宜的灌水量和氮肥施用量,对提高水分利用效率和氮肥利用效率与农业的可持续发展具有重要意义。

目前,我国水浇地面积接近耕地面积的 50%,其中地面灌溉面积占有效灌溉面积的 90% 以上,因其操作简单、管理方便被广泛应用。多年来,大量专家学者致力于地面灌溉的研究,结果发现地面灌溉在实际操作过程中普遍存在深层渗漏、灌水不均、水分利用率低等问题。此外,较大的灌溉流量导致田面冲刷、土壤板结和盐渍化,不仅降低了土壤对水分的传导能力,而且减弱了根系的呼吸作用,导致作物减产。

近年来,我国节水灌溉技术发展取得长足进步,喷灌、滴灌和根灌等新型灌水方式逐渐被推广,一些专家通过量化分析目前应用较普遍的节水灌溉技术,认为微灌技术在适应性和经济性方面上表现较为优越,但成本较高是其弱点,无法大面积推广;喷灌因其有较好的灌溉效果和低于微灌的成本,有着更高的使用价值,但因其对地形、气候要求较高,在山区丘陵地形和气候适应性等方面表现欠佳,导致喷灌技术适应性较低,节水型地面灌溉方法中小畦灌的畦埂数量增加导致的耕地面积减少使得经济性较低。尽管喷灌、滴灌、微灌等灌水新技术节水效果好,但投资大、损坏率较高、管理难度较大,在我国当前国情之下,大面积推广此类灌水新技术节水比较困难,尚无法解决当前广大灌区大田灌溉效率低下的问题。针对以上问题,本书研究了一种新的节水灌溉技术——管渠自动控水灌溉技术。

管渠自动控水灌溉系统,是将管渠布设在畦田中间,在管渠中设置塞阀,通过拉动牵引绳控制塞阀在管渠内匀速移动,靠其阻挡作用,使管渠内水流在塞阀上游产生溢流,因供水流量不变,管渠内的水从上部开口处溢流在灌水方向上,水流沿着管渠两侧均匀向畦田尾部移动,这样使得灌溉水在大田纵向上各处等量均匀分布,灌溉水在畦田内只需完成横向的水流扩散运动。由于管渠布设在田块中间,所以水流扩散距离需要达到畦宽的一半,提高了畦田横向上的灌水均匀度,节约了灌溉用水量,提高了灌水效率。

管渠自动控水灌溉技术非常适合我国当前社会经济发展的需要,能从根本上解决长期以来困扰大田的灌溉不均匀、容易产生深层渗漏、灌溉水利用率低下、无法实现水肥一体化等难题,有助于实现大田规模化高效控水灌溉,具有良好的经济效益、生态效益和社会效益,对实现现代节水农业,保障粮食生产安全,具有重要的推广价值和战略意义。

研究结果表明,管渠自动控水灌溉与畦灌、波涌灌溉相比更适用于长畦灌溉,可分别节水31.11%和10.44%,灌水均匀度提高31.1%和13.5%,产量提高了11.7%和5.5%,相对于畦灌和波涌灌溉,管渠自动控水灌溉更适用于长畦灌溉,提高了畦尾段的土壤含水率,降低了畦田首部的深层渗漏,提高了灌水质量和水分利用效率。因此,本书在前人的研究基础上,结合山东地区降水情况,系统地研究了管渠自动控水灌溉条件下不同施氮量对夏玉米生长发育和产量、水氮分布均匀度和利用效率的影响,为提高黄淮海地区夏玉米产量和水氮利用效率、夏玉米高产高效栽培提供理论依据。

1.2　国内外研究进展

1.2.1　地面灌溉水流运动研究进展

目前,我国大多数的传统地面灌溉技术灌水均匀度普遍较差,灌溉水分利用率较低,但是传统的地面灌溉成本费用低、操作简单容易、易于普遍推广,因此传统地面灌溉技术仍是在我国乃至全球占据绝对主体的灌溉技术。

在田间灌溉的试验中,水流推进过程是较为容易测定的内容,同时水流推进过程也是地面坡度、糙率、入畦流量、土壤入渗参数等多因素影响的结果。因此,所有的地面水流特征因素应该影响水流的推进过程。在估算有效平均土壤特性参数的方法中,水流推进和消退数据资料可用于估算出地表水体的水深试验数据(Clemmens等,2001;费良军等,1993,1994,1995)。通过分析和观察涌流畦灌的特点和田面水流运动的全过程,指出了水流推进过程和消退过程的特性。也有学者研究畦田尺寸与灌水效率之间的关系,通过调整畦田尺寸大小,提高了该地区的灌水效率,达到节约用水、高效用水的目的(闫庆健等,2005;李久生,2003)。

研究发现,水流退水速度和水流推进速度主要受到土质、畦长、地面平整度和坡度等影响,土质不变,地面平整度相近,水流退水速度和坡度、畦长相关,坡度越大,退水速度越大,畦长越长,退水速度越小。国内大多数学者开始使用水流推进和消退数据求得畦田灌溉的最佳灌水技术参数(樊惠芳等,2003;苗庆丰等,2015)。

1.2.2 地面灌溉水流运动模型的研究进展

使用地面灌溉模型能够较为精确地模拟地面灌溉水流运动过程,有助于评价农田灌溉评价指标,通过选择合理的地面精细参数和畦田规格,并采用适宜的入畦流量,再加强田间灌溉管理技术,可改进和提高水平畦田灌溉系统性能(李益农等,2001;史学斌等,2005)。影响地面灌溉水流运动的因素很多,而且各因素间的关系复杂,因此如果要进行全面的灌水试验过程,其工作量巨大,这就有必要进行理论分析的方法,应用数学模型来计算田面水流的运动过程,便于多种灌水方案的分析比较,为选取合理的灌水技术参数提供更加有效的措施。从水力学角度分析,地面灌溉的田间水流运动相当于透水地面上的明渠非恒定流,但因为灌水时沿田块长度方向上的水流状况变化缓慢,地面灌溉的田间水流运动故近似于明渠恒定流运动理论,再考虑土壤入渗因素进行模拟研究。目前,国内外关于模拟田间水流运动过程的数学模型主要有 4 种:水量平衡模型(The Volume Balance Model)、完全水动力学模型(The Full Hydrodynamic Model)、零惯性量模型(The Zero-inertia Model)、运动波模型(The Kinematic Wave Model)。

这 4 种模型都是在水流连续原理和动量守恒原理基础上逐步简化而来的。应用基于运动波、零惯量等控制方程逆向求解沟入渗和糙率参数的步进式多级模型的估值结果要比两点法更为精确,除沟长、坡度、沟断面和灌溉时间这些试验影响因素外,只需再统计入流和出流过程数据资料,故比传统水平衡法的用途更为广泛(Walker,2005)。根据观测和模拟的水流推进消退过程结果和地表径流相关数据间的适配程度,利用动力波模型逆向估算入渗特性的效果较好,同时适配水流推进过程和径流过程数据要比单一适配任意一组数据能获得更好的估值精度,但入畦流量、田面糙率或地面纵坡产生的试验数据误差会对参数估算有较大影响(Holzapfel 等,2004),其中零惯量、运动波和完全水动力学模型均能成功模拟沟灌和畦灌的水流运动,水量平衡模型只要各参数取值合理,模拟效果比较符合实际田地试验结果(魏小抗等,1996)。地面灌溉的数值模型常常建立在完全水动力学、零惯量、远动波、水量平衡等水流运动控制方程基础上,一维模型(如 SRFR、SIRMOD、BORDER、BASIN 等)可用于沟灌或沿畦宽入流分布较为均匀的畦灌,二维模型(如

B2D、COBASIM 等)则用来模拟沟灌或沿畦宽入流分布不均及水平畦田下的畦灌水流运动过程(Playane 等,1994;Khanna 等,2003)。有学者使用零惯性量数学模型对畦灌田面水流推进、下渗和消退运动的过程进行了描述,结果和实际试验结果相似精度高(费良军等,1994)。基于 SIRMOD 模型求出畦田平均入渗参数,然后通过多组合灌溉模拟分别计算出灌水效率和灌水均匀度(黎平等,2012)。基于 SGA 和 SRFR 模型构建的畦灌土壤入渗参数和田面糙率系数优化反演模型,在不同田间灌溉试验条件下进行参数优化估值,分析评价依据地表水流推进和消退数据估算得到的土壤入渗参数和田面糙率系数进行畦灌地表水流运动过程模拟(章少辉等,2007;金建新等,2014)。完全水动力学模型在理论上最完善,模拟精度最高,但其模型计算复杂,实际中应用较少;零惯性量模型和运动波模型形式简单,模拟精度高,但其有各自的使用条件,且计算过程仍较为复杂;水量平衡模型计算简单,只要各参数取值合理,其模拟结果与其他 3 种模型比较精度稍差,但可满足对精度要求不高的地面灌溉灌水技术指标确定的需要。

1.2.3　土壤水分入渗影响因素研究现状

入渗是灌溉水或大气降水透过地表流入土壤内部形成土壤水的过程,它是"四水"转化的重要环节。土壤作为涵养水源的重要载体,其保水能力和导水能力的强弱是影响地表径流产生、地下水补给、蒸发和作物根系吸水能力的重要因素,土壤水分入渗受内在因素和外在因素共同影响。因此,探究影响土壤水分入渗的相关因子,寻找各因子间交互作用,有助于揭示包气带水分和溶质运移规律,为调控农田水分、预防农业污染、减少水土流失和提高农业水资源利用效率提供理论支撑。

1.2.4　管渠灌溉的现状研究

通过开展大田试验,鞠茜茜等探究了管渠灌溉对夏玉米产量及水分利用效率的影响,结果表明,管渠灌溉相比于传统畦灌产量提升 11.7%,水分利用效率提升 15.81%。室内土槽模型试验揭示了管渠灌溉土壤水分的运移规律,利用 HYDRUS-2D 所建模型能够较好地模拟出管渠灌溉土壤水分运移过程,日后可在作物种植的大田中进行的管渠灌溉土壤水分运移试验中进行技术参数的调控,以更好地满足实际生产需求。研究新型灌溉节水技术的水流运动及灌溉特性可为该技术日后的应用提供有力高效的理论支撑,而管渠灌溉室内模拟试验条件下水流运动及灌溉特性尚未有人研究。因此,通过室内模拟试验探究管渠灌溉条件下水流运动及灌溉特性,对管渠自动控水灌溉节水技术指导大田内实际生产具有重要意义。

1.2.5 灌溉对作物生长发育的影响

Wang 等(2013)研究表明,无论采用何种灌溉方式,灌水充足或灌水频率较高的灌溉方式都能使冬小麦生长期内土壤水分条件保持稳定,并且株高和叶面积指数均随灌溉水平的增加而显著增加,总灌溉量或灌溉计划对株高和叶面积指数有显著影响。早期亏水对株高的影响较大,在冬小麦同一时期内,水分胁迫越大,土壤含水率越低,株高降低得越大(孔东等,2008),确保开花后的水和肥料供应对提高干物质产量有很大影响(张英华等,2016)。研究表明,冬小麦产量的高低与生育阶段中同化物的积累量及转移量紧密相关,而降水和灌溉在冬小麦生育期内分配不同也影响其生物量的形成。谷物的生长既依赖于当前的光合作用,又依赖于籽粒灌浆过程中开花期前碳储备的再分配。冬小麦开花后,土壤表层含水率降低,且小麦深层根量较少,限制了根系在深层吸收水分,因此常在冬小麦花后阶段产生水分亏缺。

1.2.6 灌溉对农田耗水特性的影响

随着冬小麦生育期的推进,小麦总耗水量逐渐增大。冬小麦整个生育期的总耗水量随着灌水量和灌水次数的增加而增加,且耗水量的增加是因为作物增加了对灌溉水的消耗,并降低了对降水和土壤水的利用,说明提高灌水量虽能增大产量,但降低了作物对降水量和土壤贮水量的利用。研究认为,提高水分利用效率的有效途径是使作物提高对土壤水特别是深层土壤水的利用。而小麦对土壤贮水的消耗受灌水量多少的影响,通过调节灌水量和灌水时期,增加对土壤深层水分的吸收利用,提高冬小麦的土壤贮水消耗量(王德梅等,2008)。杨静敬等(2013)研究表明,在不同灌水定额处理下,作物在播种期至拔节期及灌浆期至成熟期阶段的日耗水量差异不大,而在拔节期至抽穗期,随着灌水定额的增大,日耗水量也随之增大。且冬小麦的耗水关键期为拔节期至抽穗期及抽穗期至灌浆期,灌水定额较小不能满足冬小麦在该阶段需水要求。郑成岩等的研究结果表明,随着灌水量的增加,小麦在冬前至拔节期耗水模系数降低,而在开花期至成熟期阶段耗水模系数增加。

1.2.7 灌溉对冬小麦产量及构成因素和水分利用效率的影响

农业可持续发展的关键是通过提高作物水分利用效率来减少灌溉用水。

蒸发蒸腾包括作物蒸腾和土壤蒸发。虽然土壤蒸发可能间接地有利于作物生长,但是大量研究表明,降低土壤蒸发是保持土壤水分和提高作物水分利用率的有效措施(Chen 等,2010),而棵间土壤蒸发与土壤的表层含水率的大小紧密相关,土壤的表层含水率越低,土壤蒸发的阻力越大。灌溉量是影响农田土壤水分淋溶的关键因素,采用节水灌溉方式可有效控制硝酸盐淋溶,比传统灌溉减少了 45.9% 的渗滤液量,并且显著降低了土壤水分淋失。因此,采取有效灌溉方式,减少灌水量,有利于减少土壤水分淋失。而且减少田间水分输入可以降低作物深层渗透速率。在这种情况下,适当增加灌水次数,减少单次灌水量,有助于提高作物的水分利用效率。然而,灌溉减少会导致土壤水分剖面的枯竭,特别是在 160 cm 左右的深度。此外,土壤水分亏缺会削弱土壤的抗旱能力,降低作物生产的长期稳定性。

谷物重量是最后形成的产量组成部分,在很大程度上最终取决于谷物灌浆过程的速率和持续时间,这受作物品种、植物密度、气温、降水量、土壤水分状况和许多其他因素的影响。亏缺灌溉是指在作物需水量以下进行的灌溉,是减少灌溉用水的重要手段。冬小麦的最高产量通常是由适度灌溉供应产生的,灌浆期是受精子房发育成颖果的谷类作物的最终生长期,它决定了粒重,因此提高籽粒灌浆对提高粒重和产量很重要(Chen 等,2013)。小麦籽粒灌浆是由光合作用和开花前积累的贮藏物质的运转所支持的。适度亏缺灌溉可以促进根系生长,促进还原酶 C 向籽粒的再活化,加速籽粒灌浆,有助于提高粮食产量。因此,合理的田间水肥管理对冬小麦灌浆过程、粒重和产量也有重要的影响(Yan 等,2019)。冬小麦在返青期前具有渗透调节与弹性调节的反冲机制,在此期间水分调亏,可控制分蘖及叶片的过旺生长,减少无效消耗,有利于产量的增加;而在拔节期至抽穗,穗分化经历药隔形成期和四分体期,对水分大小非常敏感,期间水分亏缺会导致粒数和粒重的减少。抽穗至成熟阶段作物遭受水分亏缺,会使作物的灌浆阶段提前结束,降低结实率,进而减产。肖俊夫等(2006)的研究结果表明,在返青期进行灌水可以提高穗数大小,在拔节期进行灌水可提高有效小穗数,而在孕穗期或开花期进行灌水有利于提高千粒重。

1.2.8 水分和氮肥对夏玉米水氮利用效率的影响研究

夏玉米生育期内耗水量与土壤蒸发量和植株蒸腾量有关,土壤蒸发量约占 30%,植株蒸腾量约占 70%。玉米在不同的生育阶段,对水分的需求量和对缺水的反应是不同的,一般来说是苗期需水量较少,中后期需水量较多。在一定范围内,增加灌水定额和灌水次数,玉米产量增加,但水分利用效率呈下降趋势(聂大杭等,2018)。氮肥具有调水的作用,适当的施氮量会提高土壤中微生物的活性,增强作物根系活力,提高对水分的吸收能力,但施氮量过多会破坏土壤原有生态,造成作物减产(贺冬梅等,2008),适宜的水分条件有利于作物对氮肥的吸收利用,但水量过多则会快速淋失浪费(石岳峰等,2009),因此只有合理灌溉与施肥相结合才能使土壤水肥发挥积极的作用,促进产量的增加(冯严明等,2020)。玉米耗水量随土壤肥力的增加而增加,减氮后移减少夏玉米全生育期总耗水量,有利于氮养分供应和需求之间平衡,减少夏玉米的无效蒸腾,提高水分利用效率和氮肥利用效率。

1.2.9　水分和氮肥对夏玉米生长和产量的影响研究

　　土壤含水率是影响夏玉米籽粒产量和水分利用效率的重要因素,夏玉米各生育期含水率的不同都会影响植株的生长,都会对成穗数、穗行数、行粒数和百粒重产生显著影响。产量构成因素中穗粒数受水分影响变幅最大,穗粒数减少会严重降低夏玉米的最终产量(刘树堂等,2003)。肖俊夫等(2006)的研究结果表明,土壤相对含水率为70%时,叶片水分利用效率最高;土壤相对含水率为50%时,叶片水分利用效率最低。在夏玉米全生育期内,控制适当的灌水总量和灌水次数,根据作物的需水规律,结合降水情况,调节灌水时期和灌水量,提高夏玉米的籽粒产量和水分利用效率。水分和氮素是影响夏玉米生长的主要元素,作物的光合作用、干物质积累与水分和氮供应能力息息相关,最终影响作物产量(徐祥玉等,2009)。高素玲等(2013)的研究成果表明,恰当的水分和氮肥有利于作物充分发挥群体优势进行光合生产。协调水分和氮肥的施用量,可以提高水分和氮肥的利用效率,提高夏玉米籽粒产量。因此,在夏玉米生育期内选择适宜的灌水量和施氮量,对玉米产量和水氮的高效吸收利用至关重要,应严格控制并合理优化夏玉米生育期内的施氮量与灌水量,减少土壤剖面中氮肥残留,提高水肥利用效率。

　　综上所述,众多学者在地面灌溉水流运动、地面灌溉水流运动模型、土壤水分入渗、灌溉对作物生长发育、灌溉对农田耗水特性、灌溉对冬小麦产量及构成因素、水分利用效率、水分和氮肥对夏玉米水氮利用效率等方面进行了大量的研究,为农业生产发展做出了巨大贡献。

　　但上述研究存在着一个共同的瓶颈问题:对于大田灌溉,田间地面灌溉水流是在田面上推进而完成灌溉的,无法解决深层渗漏、均匀度差的问题。地面灌溉共同的特点是:①田间工程仍是传统地面配水、灌水方式,水量浪费严重,无法解决灌水均匀性差、深层渗漏量大、水量浪费严重的难题;②灌水设施不配套,更没有一定的标准;③管理水平落后。所以,着力研究新的地面灌溉理论与技术,特别是实现节水型地面灌溉理论、技术与设施的发展,全面实施规模化高效控水灌溉,提高水的利用率,是当务之急。

1.3 管渠自动控水灌溉技术

针对以上问题,研发了大田水肥一体化管渠自动控水灌溉系统(简称管渠灌溉系统),该系统能实现大田作物水肥一体化自动控水灌溉,大幅度提高了水肥灌溉均匀度和灌溉水肥的利用效率,且实现了大田作物水肥一体化自动地面灌溉。

1.3.1 管渠灌溉系统构成

1.3.1.1 双管渠灌溉系统

大田水肥一体化双管渠自动控水灌溉系统包括涡轮动力系统、田间管渠灌溉系统和药肥系统,如图 1-1 所示。

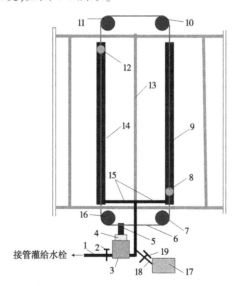

1—进水管;2—闸阀;3—涡轮机;4—变速箱;5—动力输出轴;6—牵引绳;7—滑轮 a;
8—塞阀 a;9—管渠 a;10—滑轮 c;11—滑轮 d;12—塞阀 b;13—田埂;14—管渠 b;15—供水管;
16—滑轮 b;17—药肥罐;18—药肥管道;19—药肥管道闸阀。

图 1-1 双管渠灌溉系统示意图

1. 涡轮动力系统

涡轮动力系统由涡轮机3、变速箱4、动力输出轴5等构成。变速箱一端固定在涡轮机轴上,另一端与动力输出轴连接,这样可将涡轮机输出的动力,通过变速箱传递到动力输出轴上,并经由变速箱调节了动力输出的转速,以满足灌溉系统的需要;变速箱可采用齿轮变速箱,其传动比,根据灌溉制度、灌溉用水量、灌溉流量、输水管中水压力大小等参数综合计算确定,并能根据需要进行调节。

2. 田间管渠灌溉系统

田间管渠灌溉系统包括进水管1、闸阀2、供水管15、管渠a9、管渠b14、牵引绳6、滑轮a7、滑轮b16、滑轮c10、滑轮d11、塞阀a8以及塞阀b12等;进水管一端与水源连接,即接管灌给水栓;另一端与涡轮机连接,可将给水栓中的灌溉水输入涡轮机中;供水管设置在畦田或沟田田面较高的一端,供水管进口与涡轮机出水口连接,这样涡轮机尾水可直接输入供水管,供水管出口布设在管渠的正上方(但供水管与管渠不连接)。

管渠a和管渠b,均为顶部开口而两端封堵的、具有一定强度和刚度的输水管槽,如图1-2所示,管渠横断面可为圆缺槽状、U形槽状或椭圆形槽状,管渠铺设在灌水畦(或灌水沟)的中间位置,这样可使供水管中的水流入管渠中,再由管渠流入灌水畦中,并使得水流在灌水畦中的横向扩散距离相等,使灌溉更加均匀。

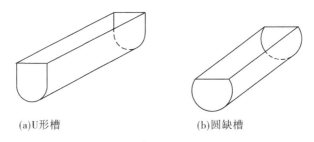

(a)U形槽　　　　　　　　　　　(b)圆缺槽

图1-2　管渠结构示意图

塞阀a和塞阀b分别设置在管渠a和管渠b中,并与牵引绳连接,而牵引绳又连接到动力输出轴上,并紧紧地环套在滑轮a、滑轮b、滑轮c和滑轮d 4个滑轮上。

滑轮a、滑轮b和滑轮c、滑轮d分别对应地安装在需要灌溉的2条灌水畦的首部和尾部的地面上,使牵引绳工作时,能处于管渠的正中间位置,这样当动力输出轴转动时,带动牵引绳移动,而塞阀在牵引绳的拉动下,会在管渠内移动;为了方便在牵引绳拉动时能更好地移动,而不使塞阀和管渠之间发生卡咬现象,而将塞阀设计成球形,同时要求塞阀与管渠之间接触十分吻合,不至于使水流通过塞阀与管渠之间的缝隙流到塞阀下游的管渠中。

在进水管上设置有闸阀 2,通过调节闸阀开度,以调节进水管中水流量大小,从而控制涡轮的旋转速度和牵引绳的运移速度,实现对塞阀运移速度的控制。

3.药肥系统

药肥系统由药肥罐 17、药肥管道 18、药肥管道闸阀 19 构成。药肥罐可以采用开敞式,也可以采用注入式,若采用开敞式药肥罐,罐内药液或肥液都有一个与大气连通的自由液面,药肥罐中的药液或肥液预先按一定比例由人工调好。药肥罐与药肥管道进口连接,药肥管道出口连接进水管上,药肥管道上设有药肥管道闸阀,药肥管道闸阀用以调控药肥液的流量。

1.3.1.2　单管渠灌溉系统

如图 1-3 所示,田间布置一条管渠的单管渠灌溉系统,也主要由涡轮动力系统、田间管渠灌溉系统、药肥系统三部分组成。

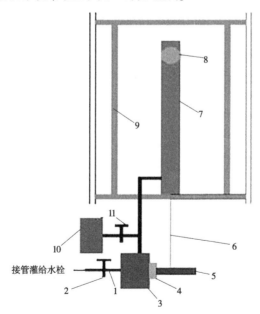

1—供水管;2—供水管闸阀;3—涡轮机;4—变速装置;5—动力输出转动轴;
6—牵引绳;7—管渠;8—塞阀;9—田垄;10—药肥装置;11—药肥管闸阀。

图 1-3　单管渠灌溉系统示意图

1.3.2　管渠灌溉系统工作原理与过程

　　系统按照图 1-1 装置固定好。当进水管中有水流通过时,水流冲击涡轮转动,从而带动涡轮轴转动,通过变速箱带动动力输出轴转动,由于动力输出轴和牵引绳连接在一起,所以牵引绳会产生运移,绕着固定在地面上的 4 个滑轮移动,由于牵引绳与塞阀相连,所以可以带动塞阀在管渠内运移。水流进入涡轮机后流出,再进入供水管而注入管渠中,由灌水畦(灌水沟)畦首(沟首)向畦尾(沟尾)方向流动,由于塞阀的阻挡作用,水在塞阀上游处的管渠两侧溢流而出,进入田间,如图 1-4 所示。为了平衡牵引塞阀时的阻力,同时提高工作效率,可同时进行 2 条管渠的灌溉工作,并且一条管渠从管渠首部开始工作(如管渠 a 中的塞阀 a),而另一条管渠从尾部开始工作(如管渠 b 中的塞阀 b),这样 2 个塞阀都受到水流的冲力,以减轻动力输出装置的输出能量。根据灌溉制度、灌溉定额、畦田规格、灌溉流量大小及输水管道中水压力大小等参数,计算灌溉用水量、塞阀运移速度,可通过进水管道上设置的闸阀开度来调整通过涡轮机的流量大小,使塞阀移动速度正好适合灌溉水量的需要,同时塞阀移动时,会自动均速移动,这样就保证了灌入各处的水量相等,实现了均匀灌溉的要求,使灌溉均匀,各处得到的水量相同。为了获得足够的灌溉水量,当只用流经涡轮机的水量不能满足灌溉流量需要时,可以在闸阀前的进水管上连接出一条管道,直接将水引入管渠中,而流经涡轮机并进入供水管的流量,可仅考虑控制涡轮机转速,满足塞阀运移速度要求即可。

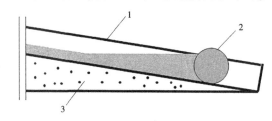

1—管渠;2—塞阀;3—畦田。

图 1-4　管渠灌溉工作原理

　　为了使灌溉尽量连续,在系统灌溉过程中,由人工方式提前在下两畦田(两沟田)中,提前布设好牵引绳和滑轮,当上两畦(两沟)灌完后,将动力输出装置移到下一位置,并与细钢索连接,进行灌溉。如此,周而复始,直至完成所有的灌溉。

1.3.3 管渠灌溉技术的特点

管渠灌溉(大田水肥一体化自动管渠控水灌溉系统)是利用管渠自动控水控肥灌溉系统实现自动灌溉的一种灌溉方式,是目前最新提出的一种大田绿色高效节水型地面灌溉理论与技术,能利用管渠代替田面输水,在畦长上连续均匀地向田间等量供水,实现了高均匀度、高效自动控水灌溉。

突出特点如下:

(1)实现了大田定量控水灌溉。严格控制畦长上各处灌水的准确性,便于各参数调控。

(2)杜绝深层渗漏。通过控制管渠溢流点的移动速度,来控制各点的灌水量,杜绝了深层渗漏产生。

(3)均匀度高。水从管渠溢出后,主要是产生横向流动,即在田间扩散距离大约是畦宽的一半,扩散距离短,通过控制灌水流量,可很好地控制水流在田面上的分布,使各点入渗水量趋于相等。

(4)管渠代替田面输水,灌水质量不受畦田长度影响,很好地解决长畦灌水难的问题。

(5)能耗低,实现水肥一体化作业。

(6)直接利用灌溉水为动力实现野外自动控水灌溉,降低了劳动强度,操控力小,只需克服塞阀与管渠管壁之间的摩擦力,绿色环保。

(7)适应性强,可适用于各种土壤、作物及水质灌溉。

(8)多条管渠同时灌溉,提高了劳动效率。

(9)装置可以重复使用,设备重复利用率高,价格低廉。

该技术的主要创新点如下:

(1)利用输水管道中的水流作为能源,省去了其他外加动力,实现了灌溉的自动化。

(2)利用闸阀调节供水管中流量大小,可控制牵引绳的运移速度,实现了大田作物的准确定量灌溉,减免了人为的干扰,提高了各处灌水的均匀性和准确性。

(3)利用药肥系统,实现了灌溉、施肥(药)的一体化运作,提高了施肥(药)的均匀度、准确性,更有利于作物的生长,提高作物的产量和品质。

2016 年 6~8 月,在山东农业大学马庄实验站对夏玉米进行了应用研究,并开展了与传统沟灌、波涌沟灌及管渠灌溉初步对比试验,结果表明,管控沟灌与传统沟灌、波涌沟灌相比,分别可节水 31.11% 和 10.44%,灌水均匀度提高 31.07% 和 13.50%,灌溉水有效利用率提高 32.55% 和 12.41%,产量提高 11.7% 和 5.5%,具有很好的效益。

大田水肥一体化自动控水控肥管渠灌溉技术能够实现大田水肥一体化均匀灌溉,且能解决长畦灌水难,杜绝深层渗漏,解决了地面灌溉效率低,灌水均匀度差,水资源浪费严重,无法实现水肥一体化及自动灌溉的世界性难题,非常有必要探讨该灌水技术条件下的土壤水分运移机制和调控机制,构建土壤水分运移和分布模型,探讨土壤水分调控机制,完善管渠灌溉(大田水肥一体化自动管渠控水控肥灌溉系统研究)的技术参数,为实现农业高效控水控肥灌溉提供理论依据和技术支持。

第 2 章 管渠灌溉室内模拟试验

2.1 试验区概况

本试验在山东省泰安市山东农业大学水利与土木工程实验室进行,泰安市位于华北平原中部,属于温带大陆性半湿润季风气候。

2.2 试验材料

供试土壤采自山东农业大学马庄实验站,该地区土壤肥效好,质地均匀,选取试验地 0~40 cm 的耕层土壤,清除土壤中碎石和植物根系后将土样自然风干、粉碎、过筛(孔径 2 mm),采用激光粒度分布仪(BT-9300S)对土壤进行粒径分析,测得黏粒(<0.002 mm)、粉粒(0.002~0.02 mm)和砂粒(0.02~2 mm)的颗粒体积含量分别为 5.89%、75.31% 和 18.8%,根据国际土质分类标准判定为粉砂质壤土。

2.3 试验装置

如图 2-1 所示,试验装置由试验土槽、供水装置和管渠灌溉装置构成。其中,试验土槽是由厚度为 10 mm 的透明有机玻璃板制成的,水平土槽的规格为 3.2 m×3 m×0.1 m(长×宽×高),底部设置为波折型,并布置若干排水通气孔,以排除积水,便于通气,避免因底部积水而造成试验误差;3 个垂直土槽的规格为 3 m×0.1 m×1.2 m(长×宽×高),垂直土槽即为测量断面;供水装置是自制恒定水头的设备,为模拟灌区给水栓供水实际,该设备水头控制在高于水平土槽 1.5 m 处。管渠灌溉装置主要由顶部开敞式管渠、塞阀、拉绳和动力设备等部件构成,该设备是利用管渠输水替代田面输水,将管渠铺设在畦田中间,使管渠坡度与畦田纵向坡度相等,当水流通过供水管道流入管渠时,动力设备牵引拉绳带动塞阀匀速移动,塞阀在运动过程中阻挡管渠中水流运动,使灌溉水从塞阀两侧均匀溢出,因为管渠灌溉以等压恒量形式供水且塞阀匀速运动,使得溢流段在灌水方向均匀移动,故畦长方向各处灌水量相同。该装置依据灌水定额、灌溉流量和畦田规格来确定塞阀移动速度,见式(2-1),即通过控制塞阀移动速度来控制灌水量。

$$V = \frac{QL}{mA} \tag{2-1}$$

式中:V 为塞阀移动速度,m/s;m 为灌水定额,mm;A 为畦田面积,m²;Q 为灌溉流量,m³/s,L 为畦田长度,m。

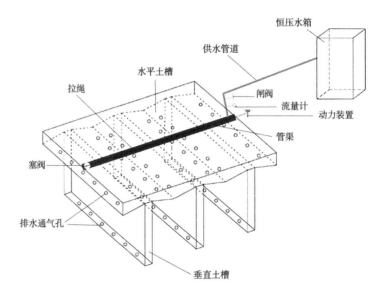

图 2-1　管渠灌溉试验装置示意图

2.4　试验方法

按照试验设置的土壤初始含水率配制土壤,并将配置好的土壤用塑料薄膜覆盖并静置48 h待用。试验槽装土前,在有机玻璃壁内侧均匀涂抹水粉,以降低边界效应。按照预设容重每5 cm装填一层,层间打毛,避免分层,装填完毕后,根据试验设计确定畦宽,然后将土壤表面用塑料薄膜盖住避免蒸发影响,静置24 h后进行试验。开始试验前,将管渠布设在畦田中间,利用 XY-LDG-DN80-105 电磁流量计测定灌溉流量,待流量稳定后将塞阀放入管渠中进行试验。

本试验设置为单一因素试验。土壤初始含水率设置 5 个水平(2.67%、

4.71%、6.53%、8.62%、11.06%），土壤容重设置 5 个水平（1.35 g/cm³、1.40 g/cm³、1.45 g/cm³、1.47 g/cm³、1.50 g/cm³），灌水定额设置 5 个水平（30 mm、45 mm、60 mm、70 mm、75 mm），畦宽设置 3 个水平（1.5 m、2.0 m、2.5 m）。试验设置畦田长度为 3.2 m，灌溉流量为 4 L/s，试验槽平行设置 3 个垂直土槽，即有 3 个测量断面，由于各测量断面受水量相等，故 3 个测量断面即为 3 次重复，取 3 个断面平均值进行分析。由于管渠灌溉的湿润体形状沿管渠对称，因此选择一侧进行研究。试验方案见表 2-1。

表 2-1　管渠灌溉土壤水分运移特性试验方案

编号	土壤初始含水率/%	土壤容重/(g/cm³)	灌水定额/mm	畦宽/m
1	2.67	1.40	60	2.0
2	4.71	1.40	60	2.0
3	6.53	1.40	60	2.0
4	8.62	1.40	60	2.0
5	11.06	1.40	60	2.0
6	6.53	1.35	75	2.0
7	6.53	1.40	75	2.0
8	6.53	1.45	75	2.0
9	6.53	1.47	75	2.0
10	6.53	1.50	75	2.0
11	6.53	1.35	30	2.0
12	6.53	1.35	45	2.0
13	6.53	1.35	60	2.0
14	6.53	1.35	70	2.0
15	6.53	1.50	75	1.5
16	6.53	1.50	75	2.5

2.5　测定项目与计算方法

（1）水流扩散距离：灌溉开始后，用秒表记录时间及 3 个测量断面上对应水流扩散距离，在畦宽处每隔 20 cm 记录 1 次时间。

（2）退水距离：用秒表记录时间及 3 个测量断面上对应退水距离，从管渠附近积水消退开始，在畦宽处每隔 20 cm 记录 1 次时间，直至土垄处表面无积水停止。

（3）田面水深测定：在每个测量断面上设置标尺，按照一定时间间隔读取标尺处水深，直至灌溉水完全消退。

（4）湿润锋：试验开始后，用秒表计时，按照先密后疏的原则在土槽侧面记录湿润锋运移轨迹，连续观测 24 h，0～40 min 每 10 min 记录一次，40～120 min 每 20 min 记录一次，120～240 min 每 30 min 记录一次，240～480 min 每 60 min 记录一次，480 min 后分别在 600 min、840 min、1 260 min、1 440 min 各记录一次。试验结束后，将记录在土槽侧面的湿润锋运移轨迹描绘到硫酸纸上，用卷尺测量后标记湿润锋坐标。

（5）湿润锋运移速率：取值为单位时间内湿润锋运移距离，时间间隔与记录时间一致。

（6）湿润体剖面面积：根据管渠灌溉实际剖面形状，畦田内侧近似为矩形，外侧近似 1/4 椭圆形，可建立湿润体剖面简易计算公式：

$$S = HL + \frac{\pi HR}{4} \tag{2-2}$$

式中：S 为湿润体剖面面积，cm^2；H 为垂直湿润锋运移距离，cm；L 为畦宽，cm；R 为水平湿润锋运移距离，cm。

（7）土壤质量含水率测定：灌水完成后的第 24 h，使用土钻取土，在水平方向上，垄内一侧每 20 cm 一个，垄外一侧 10 cm 一个；垂直方向上，每 5 cm 为一层，直至湿润锋位置处结束，用烘干法测土壤含水率。

2.6　检验指标

本书为采用均方根误差（RMSE）和整体相对误差（IRE）来检验所建模型的准确性（Franses，2016）。

均方根误差（RMSE）：

$$RSME = \sqrt{\frac{1}{n} \sum_{i=1}^{n} \left(y_{\text{实}} - y_{\text{预}} \right)^2} \qquad (2-3)$$

式中:RMSE 为均方根误差;n 为试验过程的时间间隔个数;$y_{\text{实}}$ 为实测值;$y_{\text{预}}$ 为预测值。

整体相对误差(IRE):

$$IRE = | 1 - \alpha | \times 100\% \qquad (2-4)$$

式中:IRE 为整体相对误差(%);α 为拟合方程的系数。

2.7　统计与分析

本试验数据采用 Microsoft Excel、IBM SPSS Statistics 进行数据分析,土壤含水率等值线图采用 Surfer 软件绘制。

2.8　室内模型试验结果与分析

2.8.1　土壤初始含水率对管渠灌溉土壤水分运移特性的影响

2.8.1.1　土壤初始含水率对田面水深变化的影响

图 2-2 为灌水定额 60 mm、土壤容重 1.4 g/cm³、畦宽 2 m 时,不同土壤初始含水率条件下田面水深随入渗时间的变化曲线。由图 2-2 可知,不同土壤初始含水率条件下,田面水深随着入渗时间推移呈递减趋势,入渗初期,田面水深下降速率大,随着入渗的持续,下降速率逐渐减小并趋于稳定。这是由于入渗初期,田面水深较大,产生了较大的水头压力,同时土壤表层含水率较低,基质势较大,因此田面水深下降速率快;而随着入渗历时的延长,田面水深降低,水头压力减小,表层土壤含水率增加,基质势减小,所以田面水深下降速率减慢。

土壤初始含水率对于田面水深变化的影响显著,同一入渗时刻的田面水深随着土壤初始含水率的增大而增大,当入渗 18 min 时,土壤初始含水率 2.67%、6.53%、8.62% 和 11.06% 条件下田面水深下降高度分别为 57 mm、53 mm、49 mm 和 42 mm,可见相同入渗时间的入渗水量大小关系为 2.67%>6.53%>8.62%>11.06%,这表明水分入渗速率随着土壤初始含水率的增大而减小,由此可知增大土壤初始含水率在一定程度上会减弱土壤的入渗能力。进一步分析不同土壤初始含水率条件下田面水深与入渗时间的关系,发现田

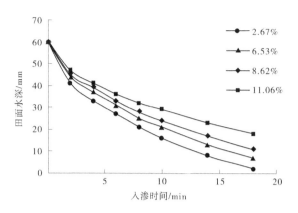

图 2-2　不同土壤初始含水率条件下田面水深随入渗时间的变化曲线

面水深与入渗时间具有较好的指数函数关系,即:

$$h_{(t)} = k_\theta e^{-m_\theta t} \qquad (2-5)$$

式中:$h_{(t)}$ 为田面水深,mm;t 为入渗时间,min;k_θ、m_θ 为拟合参数。

利用式(2-5)对图 2-2 中管渠灌溉不同土壤初始含水率条件下田面水深变化曲线进行拟合,结果见表 2-2。

表 2-2　田面水深与入渗时间拟合参数

土壤初始含水率/%	k_θ	m_θ	R^2
2.67	69.31	0.173	0.948 0
6.53	59.771	0.113	0.980 7
8.62	57.019	0.089	0.985 0
11.06	54.727	0.063	0.981 7

从表 2-2 可以看出,各决定系数 R^2 均大于 0.94,因此指数函数能较好地描述管渠灌溉田面水深随时间的变化过程。参数 k_θ、m_θ 均随着土壤含水率的增大而减小。

图 2-3 为田面水深拟合参数与土壤初始含水率之间的关系,各拟合参数与土壤初始含水率之间具有明显的线性关系,因此采用线性回归法分别对 k_θ、m_θ 与 θ 关系拟合,拟合结果为:

$$k_\theta = -175.86\theta + 72.904 \qquad R^2 = 0.950 7 \qquad (2-6)$$

$$m_\theta = -1.32\theta + 0.204 5 \qquad R^2 = 0.989 6 \qquad (2-7)$$

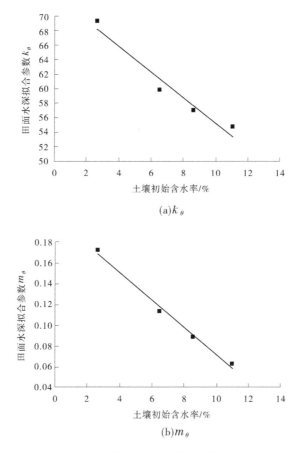

图 2-3　田面水深拟合参数与土壤初始含水率的关系

将拟合参数 k_θ、m_θ 代入式(2-5)中,最终得到田面水深与入渗时间和土壤初始含水率之间的数学模型:

$$h_{(t)} = (-175.86\theta + 72.904)\,e^{(1.32\theta - 0.2045)t} \tag{2-8}$$

为验证该数学模型的准确度,用土壤初始含水率为 4.71% 的田面水深实测值与利用式(2-8)所计算的预测值进行对比分析,计算得出田面水深预测值和实测值的均方根误差(RMSE)和整体相对误差(IRE)。

由表 2-3 可知,田面水深的实测值和预测值基本趋于一致,两者之比近似 1∶1,并且相关性达显著水平,IRE、RMSE 分别为 2.51% 和 2.67 mm,计算误差较小,表明该数学模型可以较好地预测不同土壤初始含水率条件下管渠灌溉的田面水深变化过程。

表 2-3　田面水深的实测值和预测值的对比

水深/mm	拟合方程	R^2	IRE/%	RMSE/mm
H	$h_{预} = 1.025\ 1h_{实}$	0.988 7	2.51	2.67

2.8.1.2　土壤初始含水率对湿润体剖面形状和面积的影响

图 2-4 为灌水定额 60 mm、土壤容重 1.4 g/cm³、畦宽 2 m 时,不同土壤初始含水率条件下湿润锋轨迹的动态变化。由图 2-4 可知,不同土壤初始含水率条件下湿润体剖面的形状相似,均表现为在垄内侧近似为长方形,垄外侧近似为 1/4 椭圆形。各处理的垂直湿润锋运移距离明显大于水平湿润锋运移距离;当入渗时间为 30 min 时,土壤初始含水率 2.67%、6.53%、8.62% 和 11.06% 条件下垂直和水平湿润锋运移距离之比分别为 1.195、1.232、1.264 和 1.286,当入渗时间为 480 min 时,土壤初始含水率 2.67%、6.53%、8.62% 和 11.06% 条件下垂直和水平湿润锋运移距离之比分别为 1.392、1.437、1.459 和 1.482。由此可以看出,垂直和水平湿润锋运移距离的比值随着入渗时间呈增大趋势,且土壤初始含水率越大,二者的比值越大。

土壤初始含水率对湿润体剖面面积影响显著,湿润体剖面面积随着土壤初始含水率的增加而增大。以入渗时间为 60 min 为例,土壤初始含水率 2.67%、6.53%、8.62%、11.06% 条件下,湿润体剖面面积分别为 1 924 cm²、2 275 cm²、2 489 cm²、2 743 cm²,以土壤初始含水率 2.67% 为基准,6.53%、8.62%、11.06% 的增幅依次为 18.24%、29.37%、42.57%,这是由于在同一入渗时间条件下,土壤初始含水率越大,湿润锋运移距离越大,因此湿润体剖面面积也越大。

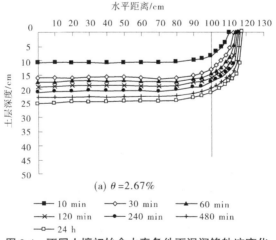

图 2-4　不同土壤初始含水率条件下湿润锋轨迹变化

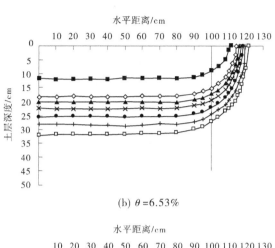

(b) θ=6.53%

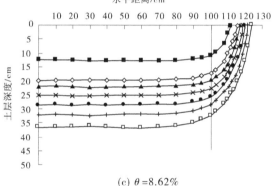

(c) θ=8.62%

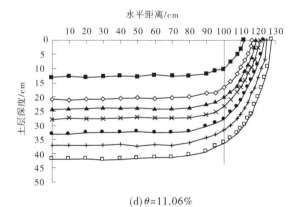

(d)θ=11.06%

续图 2-4

2.8.1.3　土壤初始含水率对湿润锋运移距离的影响

图 2-5 显示了当灌水定额 60 mm、土壤容重 1.4 g/cm³、畦宽 2 m 时,不同土壤初始含水率条件下湿润锋运移距离随入渗时间的变化过程。由图 2-5 可知,各向湿润锋运移距离均随着入渗历时的推移而增大。入渗初期,不同土壤初始含水率之间湿润锋运移距离差距较小,随着入渗过程的持续,彼此间差距逐渐增大。

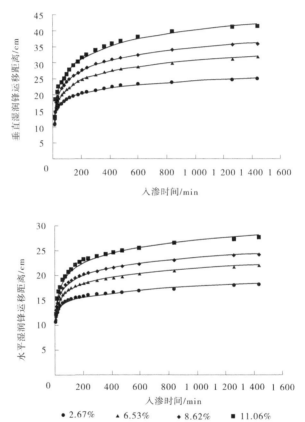

图 2-5　不同土壤初始含水率条件下各向湿润锋运移距离特性曲线

同一入渗时刻,各向湿润锋运移距离均随土壤初始含水率的增大而增大,且湿润锋垂直方向的增大幅度大于水平方向,以入渗时间 180 min 为例,就垂直湿润锋而言,在土壤初始含水率为 2.67%、6.53%、8.62% 和 11.06% 条件下的湿润锋运移距离分别为 20.1 cm、24.3 cm、27.1 cm 和 30.4 cm,与土壤初始含水率 2.67% 相比,6.53%、8.62%、11.06% 的增幅分别为 20.9%、34.83% 和

51. 24%；就水平湿润锋而言，土壤初始含水率为 2. 67%、6. 53%、8. 62% 和 11. 06% 条件下的湿润锋运移距离分别为 15. 6 cm、18. 2 cm、19. 8 cm 和 22. 6 cm，与土壤初始含水率 2. 67% 相比，6. 53%、8. 62% 和 11. 06% 的增幅分别为 16. 67%、26. 92% 和 44. 87%。由此可知，提高土壤初始含水率可以增大土壤水力传导度，减弱土壤蓄持能力，增大土壤孔隙的实际过水断面，有助于土壤水分的运移。

通过分析发现，管渠灌溉各向湿润锋运移距离随入渗时间呈现对数函数变化：

$$\left.\begin{aligned} H_{(t)} &= A_\theta \ln t + B_\theta \\ R_{(t)} &= C_\theta \ln t + D_\theta \end{aligned}\right\} \tag{2-9}$$

式中：$H_{(t)}$ 为管渠灌溉垂直湿润锋运移距离，cm；A_θ 和 B_θ 为垂直湿润锋拟合参数；$R_{(t)}$ 为管渠灌溉水平湿润锋运移距离，cm；C_θ 和 D_θ 为水平湿润锋拟合参数；t 为入渗时间，min。

利用式(2-9)对图 2-5 中管渠灌溉各向湿润锋运移距离的变化过程进行拟合，结果见表 2-4。

表 2-4　湿润锋运移距离与入渗时间拟合参数

土壤初始含水率/%	垂直湿润锋			水平湿润锋		
	A_θ	B_θ	R^2	C_θ	D_θ	R^2
2. 67	2. 636 1	6. 359 9	0. 979 2	1. 300 4	8. 666 9	0. 969 5
6. 53	3. 805 5	4. 576 1	0. 982 5	1. 985 0	7. 686 2	0. 987 9
8. 62	4. 592 6	3. 214 1	0. 994 6	2. 339 2	7. 448 8	0. 983 5
11. 06	5. 770 8	0. 507 9	0. 989 1	2. 994 9	6. 449 1	0. 987 3

由表 2-4 可知，各决定系数 R^2 均大于 0. 96，表明管渠灌溉不同土壤初始含水率条件下各向湿润锋运移距离与入渗时间满足对数函数关系。拟合参数 A_θ 和 C_θ 随着土壤初始含水率 θ 的增大而增大，拟合参数 B_θ 和 D_θ 随着土壤初始含水率 θ 的增大而减小。

将管渠灌溉垂直湿润锋拟合参数 A_θ 和 B_θ 与土壤初始含水率 θ 间的关系进行拟合，结果见图 2-6。

通过分析可知，参数 A_θ、B_θ 均随着土壤初始含水率 θ 的增加呈现线性变化，分别采用线性函数对参数 A_θ、B_θ 进行拟合。

$$A_\theta = 36. 874\theta + 1. 538 9 \qquad R^2 = 0. 984 2 \tag{2-10}$$

$$B_\theta = - 67. 69\theta + 8. 551 9 \qquad R^2 = 0. 950 5 \tag{2-11}$$

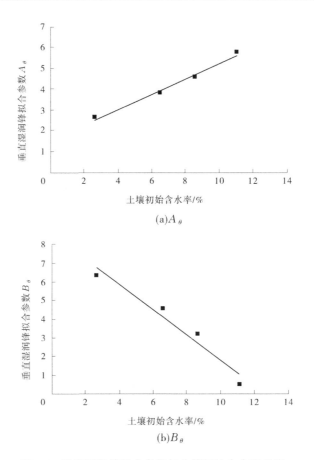

(a)A_θ

(b)B_θ

图 2-6　垂直湿润锋拟合参数与土壤初始含水率关系

　　将参数 A_θ、B_θ 的拟合结果代入式(2-9)中,得到管渠灌溉垂直湿润锋运移距离与土壤初始含水率和入渗时间的数学模型:

$$H_{(t,\theta)} = (36.874\theta + 1.538\ 9)\ln t - 67.96\theta + 8.551\ 9 \qquad (2\text{-}12)$$

　　同样,将管渠灌溉水平湿润锋拟合参数 C_θ、D_θ 与土壤初始含水率 θ 间的关系进行拟合,结果见图 2-7。

　　通过分析可知,参数 C_θ、D_θ 随着土壤初始含水率 θ 的增加呈现出线性变化,故分别用线性函数参数 C_θ、D_θ 进行拟合,拟合结果为:

$$C_\theta = 19.77\theta + 0.727\ 6 \qquad R^2 = 0.985\ 8 \qquad (2\text{-}13)$$

$$D_\theta = -25.2\theta + 9.381\ 8 \qquad R^2 = 0.964\ 8 \qquad (2\text{-}14)$$

　　将参数 C_θ、D_θ 的拟合结果代入式(2-9)中,得到管渠灌溉水平湿润

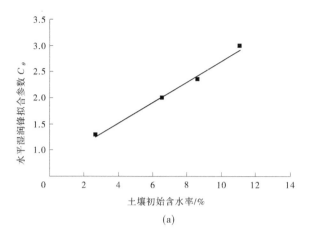

(a)

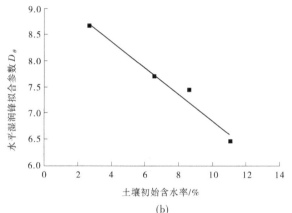

(b)

图 2-7　水平湿润锋拟合参数与土壤初始含水率的关系

距离与土壤初始含水率和入渗时间的数学模型:

$$R_{(t,\theta)} = (19.77\theta + 0.7276)\ln t - 25.2\theta + 9.3818 \qquad (2-15)$$

为验证上述数学模型的可靠性,将土壤初始含水率为 4.71% 的湿润锋运移距离实测值与利用数学模型式(2-12)、式(2-15)计算的预测值进行比较,计算得出各向湿润锋运移距离预测值和实测值的均方根误差(RMSE)和整体相对误差(IRE)。结果见表 2-5。

表 2-5　湿润锋运移距离实测值和预测值的对比

湿润锋	拟合方程	R^2	IRE/%	RMSE/cm
H/cm	$H_{预} = 1.0284 H_{实}$	0.9890	2.84	0.78
R/cm	$R_{预} = 1.0108 R_{实}$	0.9813	1.08	0.35

　　由表 2-5 可知,各向湿润锋运移距离的预测值和实测值比较接近,实测值和预测值呈现线性函数关系,R^2 均大于 0.98,对应数据点大致分布于斜率为 1 的直线附近,垂直湿润锋运移距离的 IRE 和 RMSE 分别为 2.84% 和 0.78 cm,水平湿润锋运移距离的 IRE 和 RMSE 分别为 1.08% 和 0.35 cm。由此可知利用式(2-12)、式(2-15)描述管渠灌溉各向湿润锋运移过程可靠性较高。

2.8.1.4　土壤初始含水率对湿润锋运移速率的影响

　　图 2-8 为当灌水定额 60 mm、土壤容重 1.4 g/cm³、畦宽 2 m 时,不同土壤初始含水率条件下湿润锋运移速率随入渗时间变化的曲线。由图 2-8 可知,不同土壤初始含水率条件下垂直湿润锋运移速率和水平湿润锋运移速率均随入渗时间的推移呈递减的趋势,入渗初期降幅较大,随后逐渐减小,以初始含水率 8.62% 为例,入渗 10 min 时,垂直和水平湿润锋运移速率分别为 1.26 cm/min 和 1.17 cm/min,与入渗 10 min 相比,入渗 20 min 时,垂直和水平湿润锋运移速率均下降 60% 以上,入渗 40 min 时下降 90% 以上,40 min 后垂直和水平湿润锋运移速率均低于 0.1 cm/min。入渗前期湿润锋运移速率较大一方面是由于田面水深大,水头压力高,水分入渗速率快;另一方面湿润体体积较小,湿润锋前端土壤含水率较高,土水势较高。但随着入渗继续,水头压力减小,湿润体体积增大,湿润体内含水率降低,湿润锋处土水势减小,因此湿润锋运移速率减慢。在相同入渗时间下,各向湿润锋运移速率均随着土壤初始含水率的增加而增大,以入渗时间 30 min 为例,以土壤初始含水率 2.67% 为基准,土壤初始含水率为 6.53%、8.62% 和 11.06% 的垂直湿润锋运移速率增幅分别为 36.36%、54.55% 和 109%,水平湿润锋运移速率增幅分别为 26.3%、49.5%、80.3%。在入渗前期土壤初始含水率对湿润锋运移速率影响较大,当湿润锋运移速率稳定后,土壤初始含水率对湿润锋运移速率影响较小,但高土壤初始含水率的湿润锋运移速率仍大于低土壤初始含水率。

　　通过对不同土壤初始含水率条件下各向湿润锋运移速率变化过程分析可知,管渠灌溉湿润锋运移速率与入渗时间呈现出幂函数关系,即

$$\left.\begin{array}{l} H_{v(t)} = E_\theta t^{F_\theta} \\ R_{v(t)} = G_\theta t^{H_\theta} \end{array}\right\} \qquad (2\text{-}16)$$

式中:$H_{v(t)}$ 为管渠灌溉垂直湿润锋运移速率,cm/min;E_θ 和 F_θ 为垂直湿润锋拟合参数;$R_{v(t)}$ 为管渠灌溉水平湿润锋运移速率,cm/min;G_θ 和 H_θ 为水平湿润锋拟合参数;t 为入渗时间,min。

　　利用式(2-16)对管渠灌溉各向湿润锋运移速率与入渗时间的关系进行拟

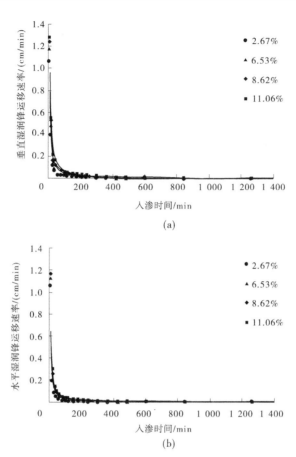

(a)

(b)

图 2-8　不同土壤初始含水率条件下各向湿润锋运移速率特性曲线

合,结果见表 2-6。

表 2-6　湿润锋运移速率与入渗时间拟合参数

土壤初始含水率/%	垂直湿润锋			水平湿润锋		
	E_θ	F_θ	R^2	G_θ	H_θ	R^2
2.67	9.877 8	−1.225	0.966 4	7.007 1	−1.299	0.942 4
6.53	9.680 5	−1.149	0.972 4	7.394 5	−1.223	0.958 2
8.62	10.738 0	−1.136	0.973 9	9.264 5	−1.236	0.972 0
11.06	13.064 0	−1.132	0.979 6	10.686 0	−1.213	0.978 2

由表 2-6 可知,各决定系数 R^2 均大于 0.94,表明利用幂函数可以较好地描述管渠灌溉不同土壤初始含水率条件下湿润锋运移速率的变化过程。土壤初始含水率对湿润锋拟合参数 E_θ、G_θ 的影响大于拟合参数 F_θ、H_θ。

2.8.1.5 土壤初始含水率对湿润体内水分分布的影响

为探究不同土壤初始含水率对湿润体内水分分布的影响,利用 Surfer 软件绘制湿润体内部的土壤含水率等值线图。如图 2-9 所示,当灌水定额为 60 mm、土壤容重为 1.4 g/cm³、畦宽为 2 m 时,各处理的湿润体含水率等值线随土层深度的增加呈现由疏到密分布,土壤表层含水率等值线稀疏,土壤含水率较高,土层之间含水率差异较小,水势梯度较小;随着土层深度的增加,等值线逐渐密集,土壤含水率逐渐减小,各土层之间含水率差异增大,水势梯度也随之增大。土壤初始含水率越大,水分入渗所受阻力越小,导水率越大,水分运动速率越快,故湿润体内高含水率区域越大,同一土层深度的含水率也越大,以垂直入渗深度 25 cm 处为例,在土壤初始含水率为 2.67%、6.53%、8.62% 和 11.06% 条件下,土壤含水率分别为 11.56%、15.83%、17.55% 和 18.75%,与土壤初始含水率为 2.67% 相比,土壤初始含水 6.53%、8.62% 和 11.06% 依次增加 36.96%、51.83%、62.20%。因此,在实际生产实践中,应定期对灌区土壤进行含水率监测,当土壤初始含水率较高时,要根据作物需水要求和田间实际情况,适当减小灌水定额。

2.8.2 灌水流量对水流扩散过程的影响

图 2-10 为不同灌水流量条件下水流扩散距离随时间的变化曲线。

图 2-10 中水流推进距离与扩散时间的曲线进行拟合,所得结果如下:

由表 2-7 可知,各决定系数 R^2 均大于 0.99,因此可以得出幂函数能较好地描述不同灌水流量条件下管渠灌溉水流扩散距离与扩散时间的变化过程。

表 2-7 不同灌水流量条件下水流扩散函数的拟合参数

灌水流量/(L/s)	拟合参数 a	拟合参数 b	R^2
2	13.418	1.473 2	0.997 5
3	11.1	1.365 8	0.999 0
4	7.678 4	1.174 5	0.997 5
5	5.480 5	0.973 7	0.993 2

图 2-11 为水流扩散拟合参数与灌水流量之间的关系。由图 2-11 可知,拟

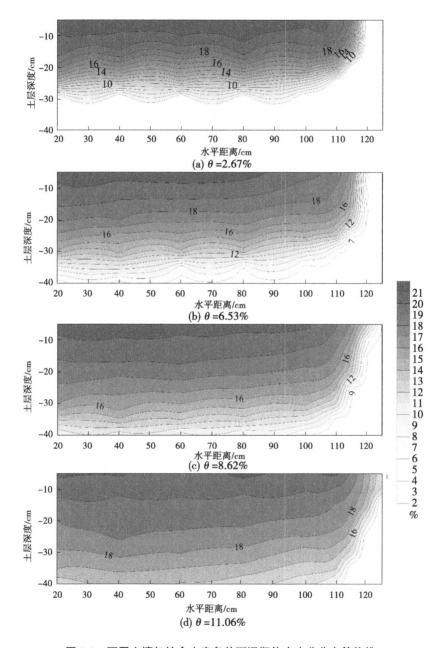

图 2-9　不同土壤初始含水率条件下湿润体内水分分布等值线

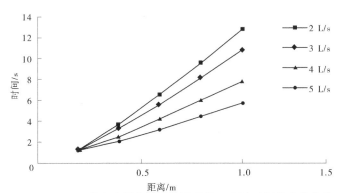

图 2-10　不同灌水流量条件下水流扩散距离随时间的变化曲线

合参数 a、b 都随着灌水流量的增加而减小,且拟合参数 a、b 与灌水流量之间具有明显的线性关系,因此采用线性回归法分别对拟合参数 a 与 Q、拟合参数 b 与 Q 关系进行拟合,拟合结果为

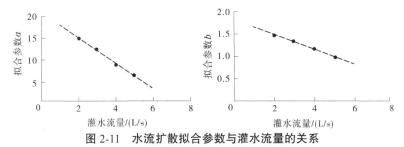

图 2-11　水流扩散拟合参数与灌水流量的关系

$$a = -2.7234Q + 18.9510 \qquad R^2 = 0.9927 \qquad (2\text{-}17)$$

$$b = -0.169Q + 1.8382 \qquad R^2 = 0.9831 \qquad (2\text{-}18)$$

将拟合参数 a、b 代入公式中,最终得到水流扩散距离与扩散时间和灌水流量之间的数学模型:

$$X = (-2.7234Q + 18.9510)t^{-0.169Q+1.8382} \qquad (2\text{-}19)$$

为验证上述数学模型的可靠性,利用公式计算出灌水流量为 3.5 L/s 的水流扩散预测值,并与灌水流量为 3.5 L/s 的试验实测值进行对比分析,使用均方根误差(RMSE)和整体相对误差(IRE)比较模型准确,结果见表 2-8。

表 2-8　灌水流量为 3.5 L/s 的水流扩散实测值和预测值的对比

灌水流量/(L/s)	拟合方程	R^2	IRE/%	RMSE/mm
3.5	$Z_{预} = 0.9842Z_{实}$	0.9894	1.44	2.62

由表 2-8 可知,模型计算误差较小,通过数学模型预测的水流扩散距离和实测的水流推进距离之比只相差 0.015 8,且 R^2、均方根误差(RMSE)和整体相对误差(IRE)在误差允许范围内拟合精度较高,表明该数学模型可以较好地预测不同灌水定额条件下管渠灌溉的水流扩散过程。

2.8.3　土壤容重对管渠灌溉土壤水分运移特性的影响

2.8.3.1　土壤容重对田面水深变化的影响

图 2-12 为灌水定额 75 mm、土壤初始含水率 6.53%、畦宽 2 m 时,不同土壤容重条件下田面水深随入渗时间的变化曲线。由图 2-12 可知,田面水深随入渗时间的推移呈下降趋势,入渗前期下降速率快,随后趋于平缓。土壤容重对田面水深有较大影响,田面水深随着土壤容重的增大而增大,当入渗时间为 30 min 时,土壤容重 1.35 g/cm³、1.40 g/cm³、1.45 g/cm³ 和 1.50 g/cm³ 条件下田面水深分别下降了 71 mm、64 mm、58 mm 和 50 mm,可见土壤容重越大,相同时间内的入渗水量越少,减渗效果越明显。

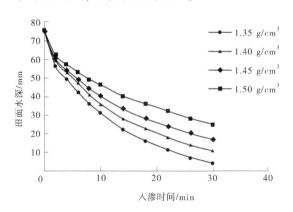

图 2-12　不同土壤容重条件下田面水深随入渗时间的变化曲线

进一步分析不同土壤容重条件下田面水深与入渗时间之间的关系,发现二者具有明显的指数函数关系,即

$$h_{(t)} = k_\gamma e^{-m_\gamma t} \tag{2-20}$$

式中:$h_{(t)}$ 为田面水深,mm;t 为入渗时间,min;k_γ、m_γ 为拟合参数。

利用式(2-20)对田面水深变化曲线进行拟合,结果见表 2-9。

表 2-9　田面水深与入渗时间拟合参数

土壤容重/(g/cm³)	k_γ	m_γ	R^2
1. 35	74. 164	0. 091	0. 991 4
1. 40	68. 580	0. 061	0. 976 8
1. 45	66. 384	0. 047	0. 989 7
1. 50	64. 429	0. 031	0. 964 9

由表 2-9 可以看出,各决定系数 R^2 均大于 0. 96 ~ 0. 98,表明利用指数函数能较好地描述出不同土壤容重条件下田面水深随入渗时间的变化过程。参数 k_γ、m_γ 均随着土壤容重的增加呈减小趋势。

如图 2-13 所示,田面水深拟合参数 k_γ、m_γ 均随土壤容重 γ 呈线性变化,即

$$k_\gamma = -62.802\gamma + 157.88 \qquad R^2 = 0.928\ 7 \qquad (2\text{-}21)$$

$$m_\gamma = -0.37\gamma + 0.585\ 5 \qquad R^2 = 0.953\ 5 \qquad (2\text{-}22)$$

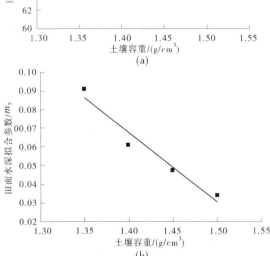

图 2-13　田面水深拟合参数与土壤容重的关系

将参数 k_γ、m_γ 代入式(2-20)中,得到管渠灌溉条件下田面水深与入渗时间和土壤容重之间的数学模型:

$$h_{(t,\gamma)} = (-62.802\gamma + 157.88) e^{(-0.37\gamma + 0.585\,5)t} \qquad (2-23)$$

为验证数学模型(2-23)的可靠性,将土壤容重为 1.47 g/cm³ 的田面水深实测值和通过数学模型计算的预测值进行比较分析,计算得出二者的均方根误差(RMSE)和整体相对误差(IRE),结果见表 2-10。

表 2-10 田面水深的实测值和预测值的对比结果

水深/mm	拟合方程	R^2	IRE/%	RMSE/mm
h	$h_{预} = 0.980\,1\,h_{实}$	0.984 4	1.99	2.16

由表 2-10 可知,田面水深的预测值和预测值具有较好的线性关系,实测值和预测值大小比较接近,IRE<2%、RMSE 仅为 2.16 mm,因此该模型计算误差较小,拟合精度较高。

2.8.3.2 土壤容重对湿润体剖面形状和大小的影响

图 2-14 为灌水定额 75 mm、土壤初始含水率 6.53%、畦宽 2 m 时,不同土壤容重条件下湿润锋轨迹的动态变化。从图 2-14 可以看出,不同土壤容重条件下湿润体剖面形状大致相同,均表现为垄内一侧为长方形,垄外一侧为 1/4 椭圆形,随着入渗过程的持续,由于重力势作用大于基质势,垂直与水平湿润锋运移距离的比值逐渐增大。随着土壤容重的增大,垂直和水平湿润锋运移距离的比值逐渐缩小,以入渗历时 480 min 为例,土壤容重 1.35 g/cm³、1.40 g/cm³、1.45 g/cm³ 和 1.50 g/cm³ 条件下垂直与水平湿润锋运移距离的比值分别为 1.513、1.487、1.473 和 1.443。

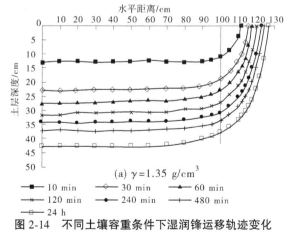

图 2-14 不同土壤容重条件下湿润锋运移轨迹变化

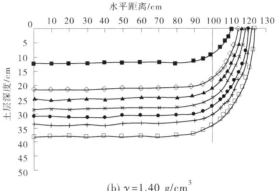

(b) $\gamma = 1.40$ g/cm^3

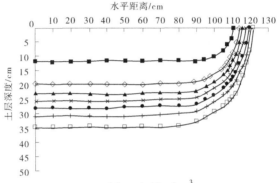

(c) $\gamma = 1.45$ g/cm^3

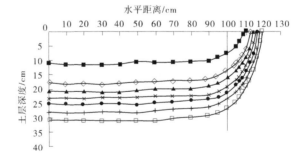

(d) $\gamma = 1.50$ g/cm^3

续图 2-14

　　土壤容重对湿润体剖面面积影响较大,湿润体剖面面积与土壤容重呈负相关关系,以入渗时间 480 min 为例,土壤容重 1.35 g/cm³、1.40 g/cm³、1.45 g/cm³ 和 1.50 g/cm³ 的湿润体剖面面积分别为 4 473 cm²、4 001 cm²、3 543 cm² 和 3 204 cm²,与土壤容重 1.35 g/cm³ 相比,1.40 g/cm³、1.45 g/cm³ 和 1.50 g/cm³ 的降幅分别为 11.81%、26.25%、39.59%。

2.8.3.3　土壤容重对湿润锋运移距离的影响

　　图 2-15 为灌水定额 75 mm、土壤初始含水率 6.53%、畦宽 2 m 时,不同土壤容重条件下湿润锋运移距离随入渗时间的变化曲线。由图 2-15 可知,各向湿润锋运移距离均随着入渗时间的延长而增大,而湿润锋运移曲线斜率逐渐减缓。入渗前期,不同土壤容重之间的湿润锋运移距离差距较小,随着入渗过程的持续,不同土壤容重之间的湿润锋运移距离差距增大。在其他条件相同时,各向湿润锋运移距离随着土壤容重增大而减小。当入渗时间为 30 min 时,就垂直湿润锋而言,土壤容重 1.35 g/cm³、1.40 g/cm³、1.45 g/cm³ 和 1.50 g/cm³ 条件下,湿润锋运移距离分别为 23.2 cm、21.6 cm、19.9 cm 和 18.4 cm,与土壤容重 1.35 g/cm³ 相比,土壤容重 1.40 g/cm³、1.45 g/cm³ 和 1.50 g/cm³ 分别减小 6.9%、14.22%、20.69%;就水平湿润锋而言,土壤容重 1.35 g/cm³、1.40 g/cm³、1.45 g/cm³ 和 1.50 g/cm³ 条件下,湿润锋运移距离为 15.7 cm、14.8 cm、14.2 cm 和 13.5 cm,与土壤容重 1.35 g/cm³ 相比,土壤容重 1.40 g/cm³、1.45 g/cm³ 和 1.50 g/cm³ 分别减小 5.73%、9.55% 和 14.01%。由此可知,土壤容重对于垂直湿润锋的影响比水平湿润锋更显著。

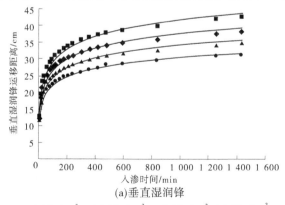

(a)垂直湿润锋

■ 1.35 g/cm³　◆ 1.40 g/cm³　▲ 1.45 g/cm³　● 1.50 g/cm³

图 2-15　不同土壤容重条件下各向湿润锋运移距离特性曲线

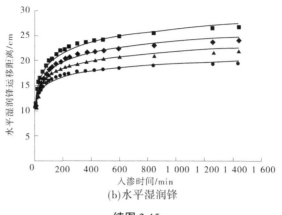

(b)水平湿润锋

续图 2-15

通过对不同土壤容重条件下各向湿润锋的运移过程分析可知,管渠灌溉的湿润锋运移距离与入渗时间满足对数函数关系,即

$$\left. \begin{array}{l} H_{(t)} = A_\gamma \ln t + B_\gamma \\ R_{(t)} = C_\gamma \ln t + D_\gamma \end{array} \right\} \tag{2-24}$$

式中:$H_{(t)}$ 为管渠灌溉垂直湿润锋运移距离,cm;A_γ 和 B_γ 为垂直湿润锋拟合参数;$R_{(t)}$ 为管渠灌溉水平湿润锋运移距离,cm;C_γ 和 D_γ 为水平湿润锋拟合参数;t 为入渗时间,min。

利用式(2-24)对图 2-15 中湿润锋运移距离随入渗时间的变化过程进行拟合,结果如表 2-11 所示。

表 2-11　湿润锋运移距离与入渗时间拟合参数

土壤容重/ (g/cm³)	垂直湿润锋			水平湿润锋		
	A_γ	B_γ	R^2	C_γ	D_γ	R^2
1.35	5.527 1	3.641 4	0.977 9	3.038 7	5.359 7	0.987 7
1.40	4.762 0	4.725 3	0.972 4	2.592 1	5.967 6	0.982 2
1.45	4.219 6	5.054 9	0.975 5	2.182 4	6.760 6	0.980 8
1.50	3.606 0	5.689 2	0.981 6	1.688 8	7.753 5	0.971 2

由表 2-11 可知,各决定系数 R^2 均大于 0.97,表明对数函数可较好地描述管渠灌溉不同土壤容重条件下湿润锋的运移过程。拟合参数 A_γ、C_γ 与土壤容重 γ 呈负相关,拟合参数 B_γ、D_γ 与土壤容重 γ 均呈正相关。

　　图 2-16 为拟合参数 A_γ、B_γ、C_γ、D_γ 与土壤容重 γ 之间的关系,由图 2-16 可知,各拟合参数随土壤容重均呈现出单一变化趋势,满足线性关系,拟合结果如下。

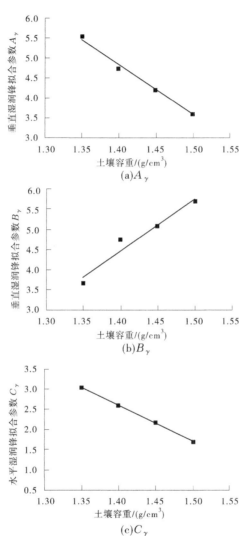

图 2-16　湿润锋拟合参数与土壤容重的关系

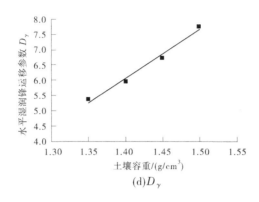

(d)D_γ

续图 2-16

垂直湿润锋：

$$A_\gamma = -12.611\gamma + 22.5 \qquad R^2 = 0.9948 \qquad (2\text{-}25)$$

$$B_\gamma = 12.946\gamma - 13.67 \qquad R^2 = 0.9516 \qquad (2\text{-}26)$$

将拟合参数 A_γ、B_γ 的拟合结果代入式(2-24)中，得到管渠灌溉的垂直湿润锋运移距离与土壤容重和入渗时间的数学模型：

$$H_{(t,\gamma)} = (-12.611\gamma + 22.5)\ln t + 12.946\gamma - 13.67 \qquad (2\text{-}27)$$

水平湿润锋：

$$C_\gamma = -8.9918\gamma + 15.085 \qquad R^2 = 0.9987 \qquad (2\text{-}28)$$

$$D_\gamma = 15.949\gamma - 16.267 \qquad R^2 = 0.9885 \qquad (2\text{-}29)$$

将拟合参数 C_γ、D_γ 的拟合结果代入式(2-21)中，得到管渠灌溉的水平湿润锋运移距离与土壤容重和入渗时间的数学模型：

$$R_{(t,\gamma)} = (-8.9918\gamma + 15.085)\ln t + 15.949\gamma - 16.267 \qquad (2\text{-}30)$$

为验证上述数学模型的可靠性，利用式(2-27)和式(2-30)计算出土壤容重为 1.47 g/cm³ 的湿润锋运移距离预测值，并与实测值进行对比分析，利用均方根误差(RMSE)和整体相对误差(IRE)评价模型准确度，结果见表 2-12。

从表 2-12 可知，各向湿润锋运移距离的预测值和实测值的拟合方程斜率均接近于 1，均方根误差(RMSE)均小于 2 cm，整体相对误差(IRE)均小于 2%，这表明利用式(2-27)和式(2-30)预测管渠灌溉不同土壤容重条件下湿润锋运移过程满足精度要求。

表 2-12 湿润锋运移距离实测值和预测值的对比

湿润锋	拟合方程	R^2	IRE/%	RMSE/cm
垂直湿润锋/cm	$H_{预} = 1.004\,5H_{实}$	0.972 1	0.45	1.085
水平湿润锋/cm	$R_{预} = 1.012\,1R_{实}$	0.983 8	1.21	0.455

2.8.3.4 土壤容重对湿润锋运移速率的影响

图 2-17 为灌水定额 75 mm、土壤初始含水率 6.53%、畦宽 2 m 时,不同土壤容重条件下湿润锋运移速率的变化曲线。由图 2-17 可知,各向湿润锋运移速率均随入渗时间的增加呈递减趋势,在入渗前 40 min 递减幅度明显,随后递减幅度逐渐减小,60 min 后各向湿润锋运移速率均低于 0.1 cm/min。在整个入渗过程中,不同土壤容重条件下各向湿润锋运移速率的大小关系为: 1.35 g/cm³>1.40 g/cm³>1.45 g/cm³>1.50 g/cm³,且土壤容重在入渗前期

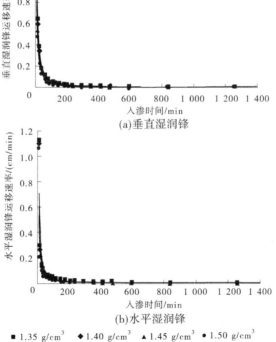

(a)垂直湿润锋

(b)水平湿润锋

■ 1.35 g/cm³ ◆ 1.40 g/cm³ ▲ 1.45 g/cm³ ● 1.50 g/cm³

图 2-17 不同土壤容重条件下各向湿润锋运移速率特性曲线

对湿润锋运移速率影响显著,随着入渗过程的持续,土壤容重对湿润锋运移速率影响逐渐减弱,当入渗时间为 20 min 时,土壤容重 1.35 g/cm³、1.40 g/cm³、1.45 g/cm³、1.50 g/cm³ 的垂直湿润锋运移速率分别为 0.65 cm/min、0.60 cm/min、0.53 cm/min、0.47 cm/min,水平湿润锋运移速率分别 0.29 cm/min、0.25 cm/min、0.23 cm/min、0.20 cm/min;当入渗时间为 480 min 时,土壤容重 1.35 g/cm³、1.40 g/cm³、1.45 g/cm³ 和 1.50 g/cm³ 的垂直湿润锋运移速率分别为 0.013 6 cm/min、0.011 7 cm/min、0.010 8 cm/min、0.009 4 cm/min,水平湿润锋运移速率分别 0.005 3 cm/min、0.004 2 cm/min、0.003 3 cm/min、0.002 5 cm/min。究其原因是湿润体内水分含量不断减小,湿润锋前沿水力梯度随之降低,水分运移减慢。

通过对不同土壤容重条件下湿润锋运移速率的变化过程分析可知,管渠灌溉各向湿润锋运移速率与入渗时间之间符合幂函数关系:

$$\left.\begin{array}{l} H_{v(t)} = E_\gamma t^{F_\gamma} \\ R_{v(t)} = G_\gamma t^{H_\gamma} \end{array}\right\} \qquad (2\text{-}31)$$

式中:$H_{v(t)}$ 为管渠灌溉垂直湿润锋运移速率,cm/min;E_γ 和 F_γ 为垂直湿润锋拟合参数;$R_{v(t)}$ 为管渠灌溉水平湿润锋运移速率,cm/min;G_γ 和 H_γ 为水平湿润锋拟合参数;t 为入渗时间,min。

利用式(2-31)将图 2-17 中的实测数据进行拟合,结果见表 2-13。

表 2-13   湿润锋运移速率与入渗时间拟合参数

土壤容重/ (g/cm³)	垂直湿润锋			水平湿润锋		
	E_γ	F_γ	R^2	G_γ	H_γ	R^2
1.35	17.444 0	−1.203 0	0.985 0	13.021 0	−1.263 0	0.980 4
1.40	16.627 0	−1.222 0	0.975 0	10.650 0	−1.249 0	0.977 2
1.45	14.281 0	−1.213 0	0.983 0	9.809 1	−1.268 0	0.956 5
1.50	13.571 0	−1.238 0	0.943 7	9.691 8	−1.304 0	0.973 6

由表 2-13 可知,各拟合决定系数 R^2 均大于 0.940 0,表明利用幂函数可以较好地描述管渠灌溉不同土壤容重条件下湿润锋运移速率的变化过程。土壤容重对于拟合参数 E_γ、G_γ 的影响大于拟合参数 F_γ、H_γ。

2.8.3.5   土壤容重对湿润体内水分分布的影响

明确管渠灌溉湿润体内水分分布状况是探究水分入渗特性和制定灌溉制度的重要依据。图 2-18 为灌水定额 75 mm、土壤初始含水率 6.53%、畦宽 2 m

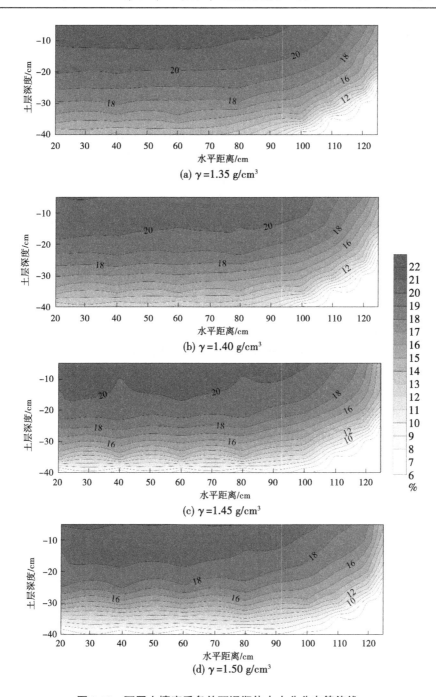

(a) $\gamma = 1.35$ g/cm³

(b) $\gamma = 1.40$ g/cm³

(c) $\gamma = 1.45$ g/cm³

(d) $\gamma = 1.50$ g/cm³

图 2-18　不同土壤容重条件下湿润体内水分分布等值线

时,不同土壤容重条件下湿润体剖面水分分布等值线图。由图2-18可知,各处理湿润体内土壤含水率等值线与湿润锋轨迹形状相似,土壤含水率随土层深度的增加而减小,直至达到土壤初始含水率。土壤表层等值线较稀疏,含水率变幅小,水势梯度小,此时重力为主要驱动力;随着土层深度的增加,等值线密度增大,土壤含水率变幅增大,直至达到湿润锋附近时等值线密度最大,水势梯度也最大,此时水分主要是受土壤基质力驱动。不同土壤容重对于湿润体内水分分布影响显著,土壤容重越小,湿润体体积和高含水率区域越大;相同入渗深度、不同土壤容重条件下土壤含水率由大到小依次为:1.35 g/cm³、1.40 g/cm³、1.45 g/cm³、1.50 g/cm³,在垂直方向距地表10 cm处,以土壤容重1.35 g/cm³为基准,土壤容重1.40 g/cm³、1.45 g/cm³、1.50 g/cm³的含水率分别减小3.63%、5.86%、10.41%。

2.8.4　灌水定额对管渠灌溉土壤水分运移特性的影响

2.8.4.1　灌水定额对田面水深变化的影响

图2-19为土壤初始含水率6.53%、土壤容重为1.35 g/cm³、畦宽2 m时,不同灌水定额条件下田面水深随入渗时间的变化曲线。由图2-19可知,随着入渗时间的推移,田面水深不断减小,入渗前期降幅较大,随后趋于稳定。相同入渗时间内,田面水深下降幅度随着灌水定额的增加而增大,当入渗时间为14 min时,灌水定额为30 mm、45 mm、60 mm、75 mm的田面水深分别降低了27 mm、38 mm、48 mm和53 mm,可见,增大灌水定额可以提高水分入渗的速率。

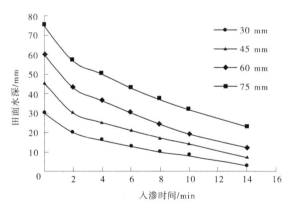

图2-19　不同灌水定额条件下田面水深随入渗时间的变化曲线

通过分析可知,不同灌水定额条件下田面水深随入渗时间呈现指数函数变化,即

$$h_{(t)} = k_M e^{-m_M t} \tag{2-32}$$

式中:$h_{(t)}$ 为田面水深,mm;t 为入渗时间,min;k_M、m_M 为拟合系数。

利用式(2-32)对图 2-19 中田面水深变化曲线进行拟合,结果见表 2-14。

表 2-14 田面水深与入渗时间拟合参数

灌水定额/mm	k_M	m_M	R^2
30	30.339	0.152	0.970 1
45	42.664	0.122	0.980 6
60	57.215	0.111	0.995 6
75	70.053	0.083	0.991 9

由表 2-14 可知,各决定系数 R^2 均大于 0.97,表明不同灌水定额条件下田面水深与入渗时间具有较好的指数函数关系。随着灌水定额增大,参数 k_M 增大,而参数 m_M 减小。

进一步分析田面水深拟合参数 k_M、m_M 与灌水定额 M 的关系,结果见图 2-20。

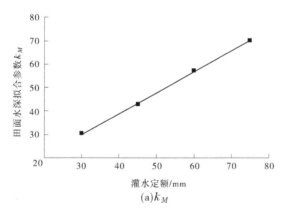

(a)k_M

图 2-20 田面水深拟合参数与灌水定额关系

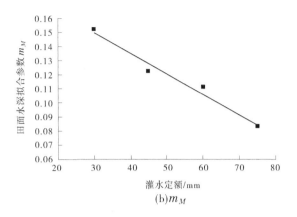

(b)m_M

续图 2-20

由图 2-20 可知,拟合参数 k_M、m_M 随灌水定额 M 呈单一变化趋势,与灌水定额具有较好的线性关系,即

$$k_M = 0.891\ 3M + 3.275\ 2 \qquad R^2 = 0.991\ 1 \qquad (2\text{-}33)$$

$$m_M = 0.001\ 5M + 0.193\ 3 \qquad R^2 = 0.973\ 1 \qquad (2\text{-}34)$$

将拟合参数 k_M、m_M 代入式(2-32)中,得出管渠灌溉条件下田面水深与入渗时间和灌水定额之间的数学模型:

$$h_{(t,M)} = (0.891\ 3M + 3.275\ 2)e^{(0.001\ 5M + 0.193\ 3)t} \qquad (2\text{-}35)$$

为验证式(2-35)的可靠性,按照同一标准配置供试土壤,进行灌水定额为 70 mm 的验证试验。将灌水定额为 70 mm 的田面水深实测值和通过数学模型计算的预测值进行比较分析,通过计算得出的均方根误差(RMSE)和整体相对误差(IRE)来评价模型精准度,结果见表 2-15。

表 2-15 田面水深的实测值和预测值的对比结果

水深/mm	拟合方程	R^2	IRE/%	RMSE/mm
h	$h_{预} = 0.985\ 6h_{实}$	0.988 4	1.44	2.05

由表 2-15 可知,田面水深的实测值和预测值具有较好的线性关系,实测值和预测值之比接近 1∶1,IRE<2%、RMSE 为 2.05 mm,计算误差较小,拟合精度较高。

2.8.4.2 灌水定额对湿润体剖面形状和大小的影响

图 2-21 为当土壤容重为 1.35 g/cm³、土壤初始含水率 6.53%、畦宽 2 m 时,不同灌水定额条件下湿润体剖面观测结果。由图 2-21 可以看出,各处理

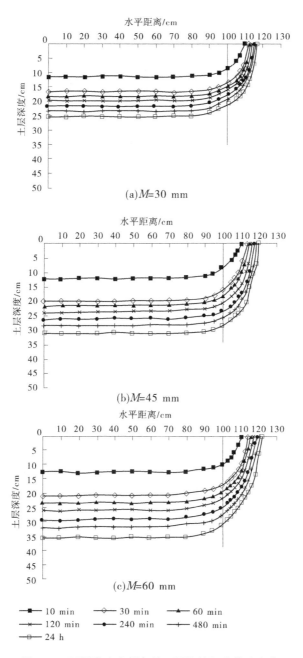

(a)M=30 mm

(b)M=45 mm

(c)M=60 mm

■ 10 min　　◇ 30 min　　▲ 60 min
✕ 120 min　　● 240 min　　+ 480 min
□ 24 h

图 2-21　不同灌水定额条件下湿润锋运移轨迹变化

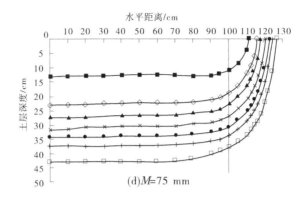

续图 2-21

下湿润体剖面形状均表现为垄内一侧为长方形分布,垄外一侧呈 1/4 椭圆形分布。同一入渗时刻,各处理的湿润锋垂直运移距离均大于水平运移距离,且垂直与水平湿润锋运移距离的比值随入渗时间的增加逐渐增大,以灌水定额 75 mm 为例,当入渗时间为 20 min 时,垂直与水平运移距离分别为 19.3 cm 和 14.2 cm,垂直与水平运移距离之比为 1.36;入渗时间为 240 min 时,垂直与水平运移距离分别为 32.8 cm 和 22.3 cm,垂直与水平运移距离之比为 1.47,这是由于湿润锋垂直方向受重力和基质力的协同作用,而水平方向仅受基质力作用,随着入渗时间的增加,重力起主导作用。灌水定额为 30 mm、45 mm、60 mm 和 75 mm 条件下垂直运移距离和水平运移距离之比分别为 1.457、1.470、1.504 和 1.561,由此可知,灌水定额越大,垂直运移距离和水平湿润锋运移距离比值越大。

不同灌水定额条件下湿润体剖面面积均随入渗时间的推移而增大,但增长幅度随着时间逐渐减小。相同入渗时间下,湿润体剖面面积随着灌水定额的增大而增大。不同灌水定额条件下湿润体剖面面积差异随着入渗时间的增加而增大,当入渗时间为 120 min 时,以灌水定额 30 mm 为基准,灌水定额 45 mm、60 mm 和 75 mm 条件下湿润体剖面面积分别增大 17.75%、33.57% 和 54.98%;当入渗时间为 480 min 时,灌水定额 45 mm、60 mm 和 75 mm 条件下湿润体剖面面积分别比灌水定额 30 mm 增大 20.91%、46.03% 和 73.18%,这是由于灌水定额越大,相同入渗时间湿润体内部含水率越高,湿润锋前沿水力梯度越大,运移速率越快,随着入渗时间的推移,累计效果更加显著。

2.8.4.3　灌水定额对湿润锋运移距离的影响

图 2-22 为土壤容重为 1.35 g/cm³、土壤初始含水率 6.53%、畦宽 2 m 时,

不同灌水定额条件下各向湿润锋运移距离随入渗时间变化曲线。可以看出，各向湿润锋运移距离随入渗时间的增加而增大，运移曲线的斜率随着入渗时间推移逐渐减小。当土壤初始条件相同时，灌水定额越大，湿润锋运移距离越大。这是由于随着灌水定额的增大，田面水头高度增大，水头压力增大，入渗速率增大，在田面水头消失后，高灌水定额条件下湿润体内含水率依然较高，水势梯度较大，因此湿润锋运移距离较大。

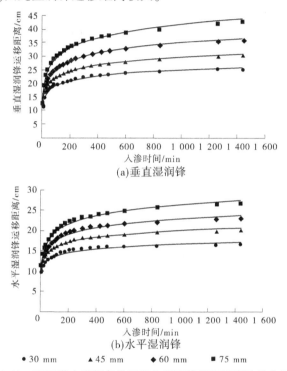

图 2-22　不同灌水定额条件下各向湿润锋运移距离特性曲线

通过对不同灌水定额条件下各向湿润锋的运移过程分析可知，管渠灌溉的湿润锋运移距离与入渗时间满足对数函数关系：

$$\left.\begin{aligned}H_{(t)} &= A_M \ln t + B_M \\ R_{(t)} &= C_M \ln t + D_M\end{aligned}\right\} \tag{2-36}$$

式中：$H_{(t)}$ 为管渠灌溉垂直湿润锋运移距离，cm；A_M 和 B_M 为垂直湿润锋拟合参数；$R_{(t)}$ 为管渠灌溉水平湿润锋运移距离，cm；C_M 和 D_M 为水平湿润锋拟合参数；t 为入渗时间，min。

利用式（2-36）对图 2-22 中的实测值数据进行拟合，结果见表 2-16。

表 2-16　湿润锋运移距离与入渗时间拟合参数

灌水定额/mm	垂直湿润锋			水平湿润锋		
	A_M	B_M	R^2	C_M	D_M	R^2
30	2.568 1	7.195 4	0.976 4	1.378 2	7.242 5	0.959 5
45	3.341 7	6.652 4	0.985 9	1.883 4	7.002 3	0.977 8
60	4.370 1	4.919 0	0.985 1	2.416 2	6.176 8	0.980 6
75	5.527 1	3.641 4	0.977 9	3.038 7	5.359 7	0.984 8

　　由表 2-16 可知,各决定系数 R^2 均大于 0.95,表明利用式(2-36)能够较好地描述管渠灌溉不同灌水定额条件下湿润锋变化过程。拟合参数 A_M、C_M 与灌水定额 M 成正相关,拟合参数 B_M、D_M 与灌水定额 M 成负相关,拟合参数 A_M、B_M、C_M、D_M 与灌水定额 M 具有线性关系,结果见图 2-23。

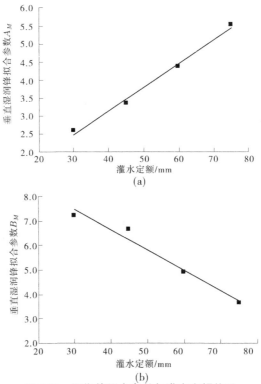

图 2-23　湿润锋拟合参数与灌水定额关系

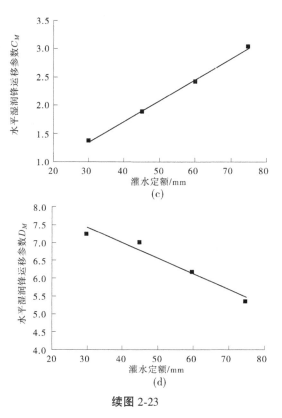

续图 2-23

垂直湿润锋：

$$A_M = 0.066M + 0.484\ 9 \qquad R^2 = 0.992\ 4 \qquad (2\text{-}37)$$

$$B_M = -0.082\ 6M + 9.940\ 9 \qquad R^2 = 0.966\ 1 \qquad (2\text{-}38)$$

将拟合参数 A_M、B_M 代入式(2-36)中，得到管渠灌溉不同灌水定额条件下垂直湿润锋运移过程的数学模型：

$$H_{(t,M)} = (0.066M + 0.484\ 9)\ln t - 0.082\ 6M + 9.940\ 9 \qquad (2\text{-}39)$$

水平湿润锋：

$$C_M = 0.036\ 8M + 0.249\ 1 \qquad R^2 = 0.997\ 6 \qquad (2\text{-}40)$$

$$D_M = -0.043\ 2M + 8.712\ 2 \qquad R^2 = 0.954\ 1 \qquad (2\text{-}41)$$

将拟合参数 C_M、D_M 代入式(2-36)中，得到管渠灌溉不同灌水定额条件下水平湿润锋运移过程的数学模型：

$$H_{(t,M)} = (0.036\ 8M + 0.249\ 1)\ln t - 0.043\ 2M + 8.712\ 2 \qquad (2\text{-}42)$$

为验证式(2-39)、式(2-42)的准确性，将灌水定额 70 mm 的各向湿润锋运移距离实测值和通过数学模型计算的预测值进行对比,结果见表2-17。

表2-17　湿润锋运移距离实测值和预测值的对比

湿润锋	拟合方程	R^2	IRE/%	RMSE/cm
垂直湿润锋/cm	$H_{预} = 1.036\ 1H_{实}$	0.987 4	4.61	1.94
水平湿润锋/cm	$R_{预} = 1.018\ 9R_{实}$	0.984 4	1.89	0.61

从表2-17可知,各决定系数R^2均大于0.980 0,这表明各向湿润锋运移距离的预测值和实测值具有较好的线性关系,垂直湿润锋运移距离和水平湿润锋运移距离的预测值和实测值的拟合方程斜率分别为1.036 1和1.018 9,两者斜率均接近于1,垂直和水平湿润锋运移距离的整体相对误差(IRE)分别为4.61%和1.89%,均方根误差(RMSE)分别为1.94 cm和0.61 cm,这表明式(2-39)和式(2-42)对管渠灌溉各向湿润锋运移距离的预测满足精度要求。

2.8.4.4　灌水定额对湿润锋运移速率的影响

图2-24为土壤容重为1.35 g/cm³、土壤初始含水率6.53%、畦宽2 m时,不同灌水定额条件下各向湿润锋运移速率的变化曲线。由图2-24可知,各向湿润锋运移速率均在入渗开始时最大,随着入渗时间的增加逐渐减小,这是由于入渗初期,湿润体内含水率较高,水势梯度大,随着入渗的进行,湿润体体积增大,含水率降低,水势梯度减小,导致湿润锋运移速率逐渐减小。不同灌水定额对于湿润锋运移速率影响显著,在入渗初期灌水定额对于湿润锋运移速率的影响较大,随后影响逐渐减小,这是由于管渠灌溉是变水头入渗,且灌水历时短,灌水定额高对应的田面水头高,水头压力大,因此灌水定额对入渗前期湿润锋运移速率较大,随着入渗的进行,水头消失,湿润锋运移受重力和基质力共同作用,灌水定额对湿润锋的影响减小。

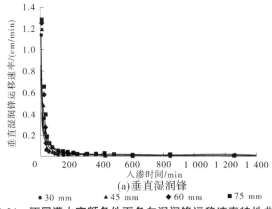

(a)垂直湿润锋

● 30 mm　　▲ 45 mm　　◆ 60 mm　　■ 75 mm

图2-24　不同灌水定额条件下各向湿润锋运移速率特性曲线

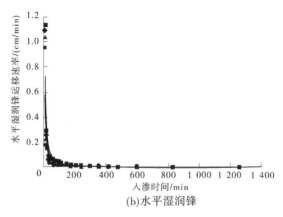

(b)水平湿润锋

续图 2-24

通过对不同灌水定额条件下湿润锋运移速率的变化过程分析可知,管渠灌溉各向湿润锋运移速率与入渗时间符合幂函数关系:

$$
\left.\begin{array}{l}
H_{v(t)} = E_M t^{F_M} \\
R_{v(t)} = G_M t^{H_M}
\end{array}\right\} \tag{2-43}
$$

式中: $H_{v(t)}$ 为管渠灌溉垂直湿润锋运移速率, cm/min; E_M 和 F_M 为垂直湿润锋拟合参数; $R_{v(t)}$ 为管渠灌溉水平湿润锋运移速率, cm/min; G_M 和 H_M 为水平湿润锋拟合参数; t 为入渗时间, min。

利用式(2-43)将图 2-24 中湿润锋运移速率的实测值进行拟合,结果见表 2-18。

表 2-18　湿润锋运移速率与入渗时间拟合参数

灌水定额/mm	垂直湿润锋			水平湿润锋		
	E_M	F_M	R^2	G_M	H_M	R^2
30	14.275	−1.317	0.9707	13.356	−1.435	0.9616
45	11.526	−1.215	0.9741	11.062	−1.330	0.9450
60	13.102	−1.187	0.9798	10.615	−1.265	0.9716
75	18.013	−1.210	0.9833	13.512	−1.272	0.9686

由表 2-18 可知,各决定系数均大于 0.9400,表明利用幂函数可以较好地描述管渠灌溉不同灌水定额条件下湿润锋运移速率的变化过程,灌水定额对参数 E_M、G_M 的影响较大,对参数 F_M、H_M 的影响较小。

2.8.4.5　灌水定额对湿润体内水分分布的影响

图 2-25 为土壤容重为 1.35 g/cm³、土壤初始含水率 6.53%、畦宽 2 m 时,

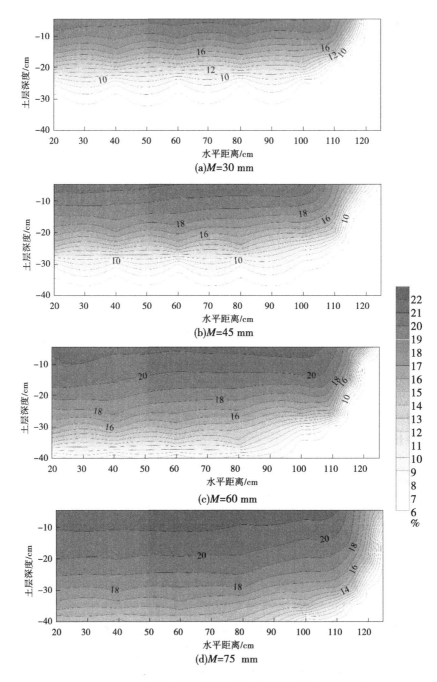

图 2-25　不同灌水定额条件下湿润体内水分分布等值线

不同灌水定额条件下湿润体剖面水分分布等值线图。由图 2-25 可知,不同灌水定额条件下湿润体内土壤含水率等值线与湿润锋形状类似,湿润体内土壤含水率变化趋势亦基本一致,呈现出随着土层深度的增加而减小的趋势,最终接近初始含水率,且土壤含水率等值线密度呈现出随着土层深度的增加逐渐增大的趋势,这表明表层土壤含水率递减幅度小,深层递减幅度大。不同灌水定额对湿润体内土壤水分分布影响显著,随着灌水定额的增大,土壤湿润范围增大,相同含水率等值线下移,以 16% 的土壤含水率等值线为例,在灌水定额 30 mm、45 mm、60 mm 和 75 mm 条件下,距田面的距离分别为 15 cm、20 cm、30 cm、35 cm。产生这种情况的原因是,灌水定额越大,入渗水量越多,湿润体内的土壤含水率越高,同一入渗深度的含水率也越大。在实际灌溉中,要根据作物需水量、气象条件、土壤性质等因素综合确定灌水定额的大小,避免因灌水过多造成水分流失或灌水不足导致作物减产。

2.8.5　畦宽对管渠灌溉土壤水分运移特性的影响

2.8.5.1　畦宽对水流扩散过程的影响

图 2-26 为不同畦宽长度下水流扩散过程随水流扩散时间的变化曲线,对图 2-26 中水流扩散距离与扩散时间的曲线进行拟合,所得结果见表 2-19。

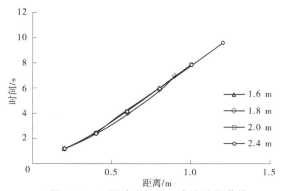

图 2-26　不同畦宽长度下水流扩散曲线

表 2-19　不同畦宽条件下水流扩散函数的拟合参数

畦宽/m	拟合参数 a	拟合参数 b	R^2
1.6	7.542 6	1.165 0	0.994 3
1.8	7.452 9	1.165 0	0.993 5
2.0	7.678 4	1.174 5	0.997 5
2.4	7.688 0	1.182 0	0.997 0

由表 2-19 可知,各决定系数 R^2 均大于 0.990 0,因此幂函数能较好地描述管渠灌溉水流扩散距离与扩散时间的变化过程。畦宽的变化对水流扩散过程几乎没有影响。该试验中各式的拟合参数 a、b 变化范围较小,不同畦宽情况下,水流扩散曲线趋势基本重合。这是由于管渠塞阀在匀速拉动过程中,各处灌水量、灌水流速相等,所以在同一灌水流量、灌水定额下,不同畦宽的水流扩散曲线的 a、b 拟合参数可取平均值,即取平均值 $\bar{a} = 7.636\ 3$、$\bar{b} = 1.173\ 8$。

将参数 $\bar{a}$、$\bar{b}$ 代入公式中,最终得到水流扩散距离与扩散时间和畦宽之间的数学模型:

$$X = 7.636\ 3t^{1.173\ 8} \tag{2-44}$$

为验证上述数学模型的可靠性,利用式(2-44)计算出畦宽为 2.2 m 的水流扩散距离预测值,并与畦宽为 2.2 m 的试验编号 13 的实测值进行对比分析,使用均方根误差(RMSE)和整体相对误差(IRE)比较模型准确。结果见表 2-20。

表 2-20　畦宽为 2.2 m 的水流扩散距离实测值和预测值的对比

畦宽/m	拟合方程	R^2	IRE/%	RMSE/mm
1.8	$X_{预} = 1.067\ 4X_{实}$	0.986 4	1.95	2.82

由表 2-20 可知,模型计算误差较小,通过数学模型预测的水流扩散距离和实测的水流推进距离之比只相差 0.067 4,且 R^2、均方根误差(RMSE)和整体相对误差(IRE)在误差允许范围内,拟合精度较高。表明该数学模型可以较好地预测不同灌水流量条件下管渠灌溉的田面水分下渗过程。

2.8.5.2　畦宽对田面水深变化的影响

图 2-27 为灌水定额 75 mm、土壤初始含水率 6.53%、土壤容重为 1.5 g/cm³ 时,不同畦宽条件下田面水深的变化曲线。从图 2-27 中可以看出,伴随入渗时间的延长,田面水深逐渐减小。相同入渗时间内,田面水深随着畦宽的增大未发生明显变化。

经分析,不同畦宽条件下田面水深与入渗时间呈指数函数关系,即

$$h_{(t)} = k_L e^{-m_L t} \tag{2-45}$$

式中:$h_{(t)}$ 为田面水深,mm;t 为入渗时间,min;k_L、m_L 为拟合参数。

利用式(2-45)将图 2-27 中田面水深实测值进行拟合,结果见表 2-21。

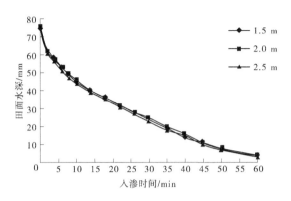

图 2-27　不同畦宽条件下田面水深变化曲线

表 2-21　田面水深与入渗时间拟合参数

畦宽/m	k_L	m_L	R^2
1.5	75.018	0.044	0.977 4
2.0	74.847	0.043	0.969 8
2.5	75.576	0.046	0.961 3

从表 2-21 中看出,各决定系数 R^2 均大于 0.960 0,表明利用指数函数可以较好地描述不同畦宽条件下田面水深的变化过程。拟合参数 k_L、m_L 随畦宽的增大变化不显著,因此不同畦宽条件下田面水深变化的数学模型为

$$h_{(t)} = 75.147\mathrm{e}^{0.044\,3t} \tag{2-46}$$

2.8.5.3　畦宽对湿润锋运移特性的影响

图 2-28 为灌水定额 75 mm、土壤初始含水率 6.53%、土壤容重为 1.5 g/cm³ 时,不同畦宽条件下各向湿润锋运移距离随入渗时间的变化曲线。由图 2-28 可知,各向湿润锋运移距离均随着入渗时间逐渐增大,而运移速率逐渐减小。在灌溉参数和土壤条件相同的前提下,当入渗时间为 24 h 时,畦宽1.5 m、2.0 m 和 2.5 m 处理的垂直湿润锋运移距离分别为 30.8 cm、31.1 cm和 31.5 cm,水平湿润锋运移距离分别为 19.1 cm、19.4 cm、19.8 cm,差异并不明显。

进一步分析不同畦宽条件下湿润锋的运移过程,用对数函数进行拟合,即:

$$\left.\begin{array}{l} H_{(t)} = A_L\ln t + B_L \\ R_{(t)} = C_L\ln t + D_L \end{array}\right\} \tag{2-47}$$

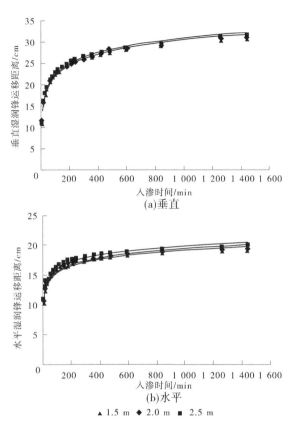

图 2-28　不同畦宽条件下各向湿润锋运移特性曲线

式中：$H_{(t)}$ 为管渠灌溉垂直湿润锋运移距离，cm；A_L 和 B_L 为垂直湿润锋拟合参数；$R_{(t)}$ 为管渠灌溉水平湿润锋运移距离，cm；C_L 和 D_L 为水平湿润锋拟合参数；t 为入渗时间，min。

利用式（2-47）对图 2-28 中湿润锋运移距离的实测值进行拟合，拟合结果见表 2-22。

表 2-22　湿润锋运移距离与入渗时间拟合参数

畦宽/m	垂直湿润锋			水平湿润锋		
	A_L	B_L	R^2	C_L	D_L	R^2
1.5	3.636 9	5.367 3	0.974 9	1.686 6	7.525 0	0.966 5
2.0	3.606 0	5.689 2	0.981 6	1.688 8	7.753 5	0.971 2
2.5	3.678 9	5.453 2	0.976 6	1.684 3	8.031 4	0.966 8

由表 2-22 可知,各决定系数 R^2 均大于 0.960 0,表明利用式(2-47)能够描述不同畦宽条件下湿润锋的运移过程。各处理的拟合参数随着畦宽变化不明显,因此不同畦宽条件下管渠灌溉湿润锋运移距离的数学模型为

$$H_{(t)} = 3.640\ 6\ln t + 5.503\ 2 \tag{2-48}$$

$$R_{(t)} = 1.686\ 5\ln t + 7.697\ 1 \tag{2-49}$$

综上可知,由于湿润体形态、湿润锋运移速率均由湿润锋运移距离计算得来,因此畦宽对以上指标亦无显著影响。

2.8.5.4　畦宽对湿润体内水分分布的影响

图 2-29 为不同畦宽条件下湿润体内水分分布等值线图。由图 2-29

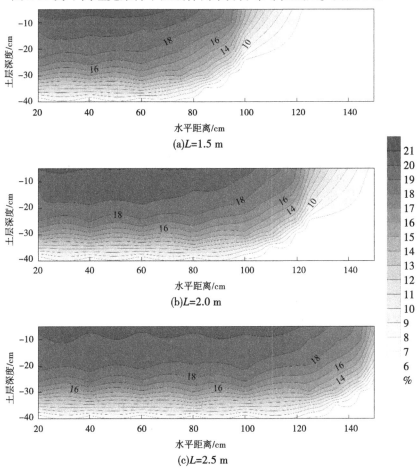

(a)L=1.5 m

(b)L=2.0 m

(c)L=2.5 m

图 2-29　不同畦宽条件下湿润体内水分分布等值线

可知,灌水定额 75 mm、土壤初始含水率 6.53%、土壤容重为 1.5 g/cm³ 时,不同畦宽条件下湿润体内土壤含水率变化趋势基本一致,呈现出随着土层深度增加而减小的趋势,表层等值线稀疏,土壤含水率变化较小,深层等值线稠密,土壤含水率变化较大。土壤湿润范围随着畦宽的增加而增大,但在畦田内部,相同位置处,同一土层深度不同处理的土壤含水率近似相等,以距管渠 20 cm,土层深度 30 cm 为例,畦宽 1.5 m、2.0 m、2.5 m 的含水率依次为 15.66%、15.43%、15.89%。这表明畦宽对于湿润体内部的水分分布影响较小,因此在管渠灌溉的田间实际应用中,可以忽略畦宽对于入渗的影响,更多地考虑灌区地形条件和满足机械耕作要求。

2.8.6　管渠灌溉土壤水分运移综合模型

2.8.6.1　田面水深综合模型

通过上文的分析可知,田面水深变化参数 k、m 分别与土壤初始含水率、土壤容重和灌水定额呈现线性关系。根据在不同影响因素条件下所求得 k、m 大小,综合考虑各因素对 k、m 的交互影响,建立关于 k、m 的综合预测模型,即

$$k = a_1\theta + a_2\gamma + a_3M + a_4 \tag{2-50}$$

$$m = b_1\theta + b_2\gamma + b_3M + b_4 \tag{2-51}$$

式中:a_1、a_2、a_3、a_4、b_1、b_2、b_3、b_4 均为拟合参数;其他符号意义同前。

将 k、m 值和土壤初始含水率、土壤容重和灌水定额值分别代入式(2-50)、式(2-51),利用 SPSS 软件拟合得出各参数值,将其分别代入式(2-50)、式(2-51)中,结果为:

$$k = -147.966\theta - 37.724\gamma + 0.883M + 62.708 \tag{2-52}$$

$$m = -1.183\theta - 0.29\gamma + 0.002M + 0.508 \tag{2-53}$$

将参数 k、m 代入用来描述田面水深变化过程的指数函数中,最终得到田面水深变化的综合预测模型为

$$h_{(t)} = (-147.966\theta - 37.724\gamma + 0.883M + 62.708)e^{(-1.183\theta - 0.29\gamma + 0.002M + 0.508)t} \tag{2-54}$$

为验证式(2-54)的准确性,用模型计算不同影响因素组合下田面水深参数 k、m 值,并与实测值进行比较,通过均方根误差(RMSE)和整体相对误差(IRE)来评价模型精准度,结果见表 2-23。

表 2-23　试验确定拟合参数 k、m 与模型预测值比较

参数	拟合方程	R^2	IRE/%	RMSE
k	$k_{预} = 0.987 k_{实}$	0.910 4	1.30	3.080
m	$m_{预} = 0.942\ 6 m_{实}$	0.891 4	5.74	0.036

由表 2-23 可见,拟合参数 k、m 实测值和预测值有较好的线性关系。参数 k 的 IRE 和 RMSE 分别为 1.30% 和 3.080;参数 m 的 IRE 和 RMSE 分别为 5.74% 和 0.036,表明模型拟合效果较好。

2.8.6.2　湿润锋运移距离综合模型

通过上文的分析可知,垂直湿润锋拟合参数 A、B 和水平湿润锋拟合参数 C、D 分别与土壤初始含水率、土壤容重和灌水定额呈现线性关系。根据在不同影响因素条件下所求得拟合参数 A、B、C、D 大小,综合考虑各因素对湿润锋拟合参数的交互影响,建立关于 A、B、C、D 的综合预测模型,即

$$A = c_1\theta + c_2\gamma + c_3M + c_4 \tag{2-55}$$

$$B = d_1\theta + d_2\gamma + d_3M + d_4 \tag{2-56}$$

$$C = e_1\theta + e_2\gamma + e_3M + e_4 \tag{2-57}$$

$$D = f_1\theta + f_2\gamma + f_3M + f_4 \tag{2-58}$$

式中:c_1、c_2、c_3、c_4、d_1、d_2、d_3、d_4、e_1、e_2、e_3、e_4、f_1、f_2、f_3、f_4 均为拟合参数;其他符号意义同前。

将拟合参数 A、B、C、D 值和土壤初始含水率、土壤容重和灌水定额值分别代入式(2-55)~式(2-58)中,拟合结果为

垂直湿润锋:

$$A = 37.368\theta - 12.182\gamma + 0.066M + 14.55 \tag{2-59}$$

$$B = -74.477\theta + 9.512\gamma + 0.069M + 0.812 \tag{2-60}$$

将参数 A、B 代入描述垂直湿润锋运移过程的对数函数中,最终得到垂直湿润锋运移距离综合预测模型为

$$H_{(t)} = (37.368\theta - 12.182\gamma + 0.066M + 14.55)\ln t - 74.477\theta + 9.512\gamma + 0.069M + 0.812 \tag{2-61}$$

水平湿润锋:

$$C = 19.726\theta - 8.788\gamma + 0.037M + 10.783 \tag{2-62}$$

$$D = -21.122\theta + 17.285\gamma - 0.054M - 12.453 \tag{2-63}$$

将参数 C、D 代入描述水平湿润锋运移过程的对数函数中,最终得到水平

湿润锋运移距离综合预测模型为

$$H_{(t)} = (19.726\theta - 8.788\gamma + 0.037M + 10.783)\ln t -$$
$$21.122\theta + 17.285\gamma - 0.054M - 12.453 \qquad (2\text{-}64)$$

为验证式(2-61)、式(2-64)的可靠性,用模型计算不同影响因素组合下垂直湿润锋拟合参数 A、B 和水平湿润锋拟合参数 C、D,并与实测值进行比较,通过均方根误差(RMSE)和整体相对误差(IRE)来评价模型精准度,结果见表2-24。

表 2-24　试验确定拟合参数 A、B、C 和 D 与模型预测值比较

参数	拟合方程	R^2	IRE/%	RMSE
A	$A_{预} = 1.004\ 1A_{实}$	0.988 0	0.41	0.114
B	$B_{预} = 0.967\ 6B_{实}$	0.894 1	3.24	0.561
C	$C_{预} = 0.983\ 6C_{实}$	0.954 0	1.64	0.159
D	$D_{预} = 1.017\ 6D_{实}$	0.875 0	1.76	0.44

由表2-24可以看出,各参数拟合值和预测值符合具有较好的线性关系,IRE 小于4%,RMSE 小于1,因此各向湿润锋的综合预测模型符合精度要求。

2.8.7　管渠灌溉土壤水分运移数值模拟

2.8.7.1　土壤水分运动基本方程

假定土壤质地均匀且各向同性,根据达西定律和质量守恒定律,忽略土壤内部温度、蒸发和气象阻力对水分运移的影响,可以用 Richards 方程来描述土壤水分的运动过程(Noda 等,2013):

$$\frac{\partial \theta}{\partial t} = \frac{\partial}{\partial x}\left[K(h)\frac{\partial h}{\partial x}\right] + \frac{\partial}{\partial z}\left[K(h)\frac{\partial h}{\partial z}\right] + \frac{\partial K(h)}{\partial z} \qquad (2\text{-}65)$$

式中:θ 为土壤体积含水率,cm^3/cm^3;t 为入渗时间,min;h 为土壤基质势,cm;x 和 z 分别为模拟计算区域的水平坐标和垂直坐标;$K(h)$ 为非饱和土壤导水率,cm/min。

2.8.7.2　土壤水力特征参数求解方法

根据试验测得的土壤颗粒级配和土壤容重,利用 HYDRUS-2D 软件内置 Van-Genuchten 模型来拟合得到土壤的水力参数,由于土壤在制备和装填过程中会破坏土壤结构,致使土壤水力参数发生变化,因此根据实测数据进行参数调整,结果见表2-25。

表 2-25　土壤水力特征参数

土壤容重/(g/cm³)	θ_r/(cm³/cm³)	θ_s(cm³/cm³)	α	n	K_s/(cm/min)	l
1.40	0.047 5	0.042 1	0.002	1.4	0.075	0.5

$$\theta(h) = \begin{cases} \theta_r + \dfrac{\theta_s - \theta_r}{(1 + |ah|^n)^m} & h < 0 \\ \theta_s & h \geqslant 0 \end{cases} \quad (2\text{-}66)$$

$$K(h) = K_s S_e^l \left[1 - (1 - S_e^{1/m})^m \right]^2 \quad (2\text{-}67)$$

$$S_e = \frac{\theta - \theta_r}{\theta_s - \theta_r} \quad (2\text{-}68)$$

式中：$\theta(h)$ 为土壤体积含水率，cm³/cm³；θ_r 为土壤残余含水率，cm³/cm³；θ_s 为土壤饱和含水率，cm³/cm³；α 为进气值的倒数；h 为土壤基质势，cm；n 为孔径分布指数，$m = 1 - \dfrac{1}{n}$，$n > 1$；$K(h)$ 为非饱和土壤导水率，cm/min；S_e 为土壤有效含水率，cm³/cm³；l 为孔隙连通性参数，l 一般取值为 0.5。

2.8.7.3　网格的划分和时间离散设置

利用 HYDRUS-2D 软件建立水平宽度 150 cm、垂直深度 120 cm 的二维模拟区域[见图 2-30(a)]，采用三角形网格对模型区域进行离散化，模拟区域共划分节点数 2 989 个，1D 网格 216 个，2D 网格 5 760 个。图 2-30(b)为模型计算的时间信息，时间单位设为 min，模拟时长设为 1 440 min，最短时间步长设为 0.000 1。

2.8.7.4　定解条件

1. 初始条件

本书进行 HYDRUS-2D 模拟试验，土壤容重和土壤初始含水率均设置为单一均匀，初始条件为土壤初始含水率。

$$\theta(x, z, t) = \theta_0(x, z) \qquad 0 \leqslant x \leqslant 150, 0 \leqslant z \leqslant 120, t = 0 \quad (2\text{-}69)$$

式中：θ_0 为土壤初始含水率，cm³/cm³；x 和 z 分别为模拟计算区域的水平最大距离和垂直最大距离，cm；t 为入渗时间，min。

2. 边界条件

图 2-31 为管渠灌溉的模拟区域示意图，因管渠灌溉湿润剖面沿管渠对称，所以求解模拟区域选择 ACDE。BC 土壤表面被塑料薄膜覆盖，无蒸发产

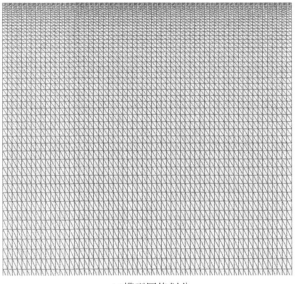

(a)模型网格划分

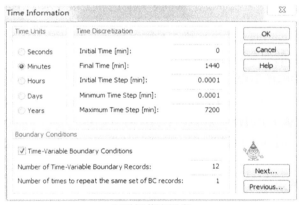

(b)时间信息设定

图 2-30　划分与时间信息设定

生,按照零通量处理;AE、CD 为管渠灌溉的对称面,设置为零通量边界;DE 边界无水分交换,对入渗过程没有影响,设置为自由排水界面;AB 设为随时间变化的压力水头边界,即

$$\begin{cases} h(x,z,t)=h(t) & 0\leqslant t\leqslant t_{\max} & AB \\[6pt] \dfrac{\partial\theta}{\partial x}=0 & 0\leqslant t & AE、CD \\[6pt] -K(\theta)+K(\theta)\dfrac{\partial\theta}{\partial z}=0 & 0\leqslant t & BC \\[6pt] \theta=\theta_0 & 0\leqslant t\leqslant t_{\max} & DE \end{cases} \quad (2\text{-}70)$$

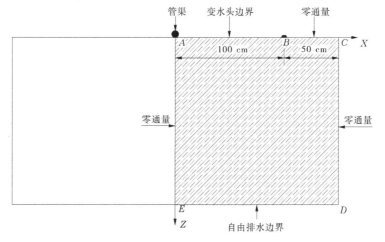

图 2-31 管渠灌溉的模拟区域示意图

2.8.7.5 试验方案

数值模拟试验方案见表 2-26。

表 2-26 数值模拟试验方案

方案	土壤初始含水率/%	土壤容重/(g/cm³)	灌水定额/mm	畦宽/m
1	9.14	1.40	60	2
2	12.07	1.40	60	2
3	9.14	1.40	75	2

注:土壤初始含水率为体积百分数,cm³/cm³。

2.8.7.6 模拟参数的识别

本书为验证利用 HYDRUS-2D 所建模型的可靠性,利用方案 3 的湿润锋运移距离和土壤含水率实测值与软件模拟值之间进行比对,用以保证模型使用的水力参数、边界条件和初始条件的准确性,对比结果如图 2-32 所示。由

图 2-32 可知,方案 3 湿润锋运移距离和土壤含水率模拟值与实测值具有较好的线性关系,决定系数 R^2 均大于 0.980 0,均方根误差分别为 1.156 cm 和 0.018 cm^3/cm^3。总体来说,湿润锋运移距离与土壤含水率的模拟值和实测值的拟合程度较高,表明本书模拟使用的水力参数具有合理性。

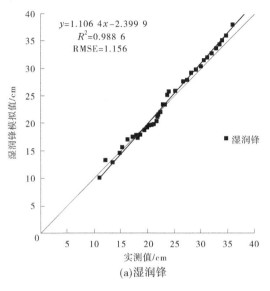

(a)湿润锋

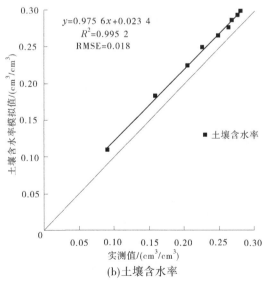

(b)土壤含水率

图 2-32　方案 3 的模拟值与实测值对比

2.8.7.7　模拟结果验证

1. 湿润锋运移距离模拟结果的验证

图 2-33 为方案 1、2 模拟值和实测值的湿润锋运移距离变化情况,可以看出,模拟值和实测值的湿润锋运移距离随入渗时间的变化趋势一致,在入渗时间 600 min 内,湿润锋实测值略大于模拟值;在入渗时间 600 min 后,湿润锋实测值小于模拟值。

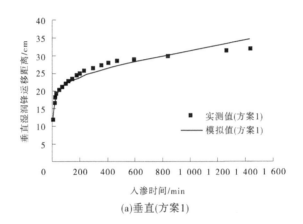

(a)垂直(方案1)

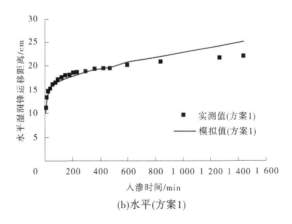

(b)水平(方案1)

图 2-33　湿润锋实测值和模拟值运移特性曲线

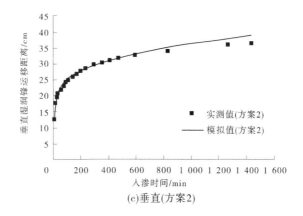

(c)垂直(方案2)

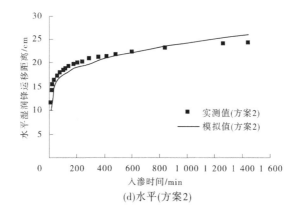

(d)水平(方案2)

续图 2-33

为进一步分析湿润锋运移距离模拟值与实测值间的相关性,将方案 1、2 的各向湿润锋进行整体比对,如图 2-34 所示,方案 1、2 湿润锋运移距离实测值和模拟值之比约为 1:1,决定系数均大于 0.960 0,均方根误差均小于 1.1 cm,表明利用 HYDRUS-2D 软件所建模型能够较好地模拟管渠灌溉湿润锋运移过程。

2. 土壤含水率模拟结果的验证

图 2-35 为方案 1、2 灌水结束 24 h 后管渠下方土壤含水率模拟值和实测值随土层深度变化情况,从图 2-35 中可以看出,土壤含水率模拟值和实测值随土层深度的变化趋势一致,土壤含水率实测值较模拟值偏小。

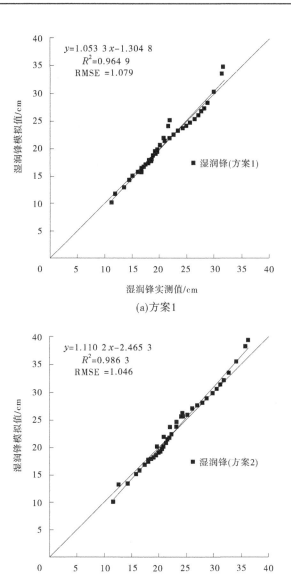

(a)方案1

(b)方案2

图 2-34　湿润锋模拟值与实测值对比

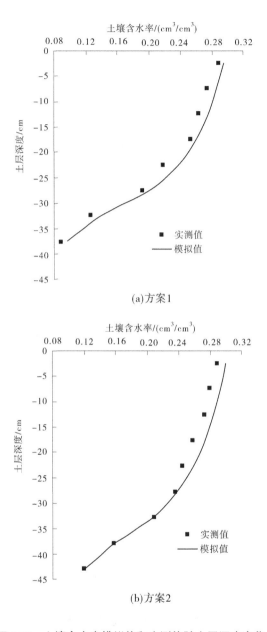

(a)方案1

(b)方案2

图 2-35　土壤含水率模拟值和实测值随土层深度变化

　　图 2-36 为方案 1、2 土壤含水率模拟值和实测值之间的对比,可以看出,土壤含水率模拟值与实测值之比近似为 1,决定系数 R^2 均大于 0.990 0,RMSE 均小于 0.02 cm^3/cm^3,这表明利用 HYDRUS-2D 软件可以较好地模拟出湿润体内水分分布情况。

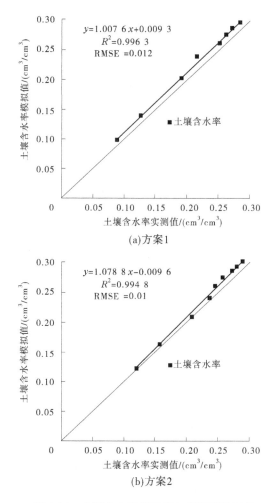

图 2-36　土壤含水率模拟值与实测值的对比

第 3 章　冬小麦大田管渠灌溉试验

3.1　试验地概况

本试验于 2018~2019 年冬小麦生育期间进行,试验地位于山东省泰安市山东农业大学马庄试验田。该地区属于华北平原南部,属温带大陆性半湿润季风气候区,四季分明,雨热同期。主要种植制度为冬小麦、夏玉米一年两熟。试验田内土壤类型为壤土,pH 值为 7.1,田间持水率为 32.5%(体积含水率)。灌区类型为井灌区,土壤干容重为 1.36 g/cm³,相对密度为 2.64,孔隙度为 48.5%。0~20 cm 土层碱解氮、速效钾、速效磷量分别为 108.1 mg/kg、92.4 mg/kg 和 161.1 mg/kg。冬小麦生育期内降水量如表 3-1 所示。

表 3-1　冬小麦生育期内降水量

全生育期	播种期—拔节期	拔节期—灌浆期	灌浆期—成熟期
102.5	52.5	39	11

3.2　试验设计

2018 年 10 月 12 日进行机械播种,供试冬小麦品种为济麦 22 号,播种量为 187.5 kg/hm²,基本苗为 226.48 万株/hm²。播种前施底肥复合肥 937.5 kg/hm²(N、P、K 质量分数均为 15%),施肥方式为撒施,且生育期间不再进行追肥。本试验设置 3 种不同灌溉方式:传统畦灌(T)、波涌灌溉(S)和管渠灌溉(P),其中管渠灌溉设置 3 个不同的灌水处理,各处理灌水定额分别设置为传统灌溉灌水量的 85%(P1)、75%(P2)和 65%(P3)。每个处理均设置 3 个重复,畦田规格为 1.5 m×120 m,并将畦田划分为 A 畦段(0~40 m)、B 畦段(40~80 m)和 C 畦段(80~120 m)三个畦段。试验区布置为随机分布排列,每个重复两侧均设置保护行。设置灌溉流量为 42 m³/h。T 处理和 S 处理灌溉水流推进到畦田长度九成处停止灌溉,灌溉时间以秒表计时,设置 S 处理灌水周期数为 2,循环率为 1/2;P 处理调节变速装置控制管渠内塞阀移动速度。

试验 T 处理和 S 处理采用土渠输水,P1 处理、P2 处理和 P3 处理采用的是管渠灌溉装置。

3.3　测定项目与方法

3.3.1　水流推进曲线

在不同处理进行灌溉时,试验使用 XYLDG-DN80 型智能电磁流量计观测灌溉流量大小。用秒表记录水流每推进固定距离所耗时间,以此计算水流推进速度。通过水流推进距离与所用时间绘制水流推进曲线(孙晓琴等,2016)。

3.3.2　土壤体积含水率

使用管式 TDR(Time Domain Reflectometry,德国 IMKO 公司)测量 0~100 cm 土层的土壤水分含量,每 10 cm 土层为一间隔,每个畦田在距离畦首 20 m、60 m 和 100 m 处埋设 TDR 管。在冬小麦播种和收获当天进行一次水分测量,冬小麦不同生育期开始和结束进行水分测量,降雨前后加测一次。

3.3.3　土壤贮水量

土壤贮水量采用以下公式计算(刘泉汝等,2013):

$$\Delta h = 10 \sum (\Delta \theta_i \times Z_i) \tag{3-1}$$

式中:$\Delta \theta_i$ 为某一土层土壤体积含水率;Z_i 为每一层次的土层厚度,cm;i 为土壤层次(1,2,…,10)。

3.3.4　耗水量

根据土壤水量平衡方程计算农田耗水量(ET)值(Ali 等,2019):

$$ET = P + I + (SW_1 - SW_2) + C - D - R \tag{3-2}$$

式中:ET 为蒸散量,mm;P 为整个生育期内的降水量,mm;I 为整个生育期内的灌水量,mm;SW_1 为播种时的土壤水,mm;SW_2 为收获时的土壤水,mm;C 为流入根区的向上流量,地下水位保持在地表 5 m 以下的深度,因此流入根部的向上流量可以忽略不计;D 为向下排水,在 200 cm 深度上的排水量微不足道;R 为地表径流,畦田未观察到地表径流。

3.3.5　分蘖数

不同处理分别在 A 畦段、B 畦段和 C 畦段选定 3 个 1 m 长的样段,于分蘖前开始测定,不同生育期测定每个样段的分蘖数,取平均数折算成平方米分蘖数使用。

3.3.6　株高及叶面积指数

在冬小麦的主要生育期内,每个处理不同畦段内连续取 20 株植株,用工具将地上部分完整取下,从基部开始量取每一株小麦的株高,并测量叶面积,叶面积指数计算公式如下(杨林林等,2015):

$$LAI = D \times A \tag{3-3}$$
$$A = L \times B \times 0.85 \tag{3-4}$$

式中:D 为群体密度,株/m^2;A 为单株叶面积,m^2/株;L 为叶长,从叶鞘到叶尖的长度,cm;B 为叶宽,在叶片最宽处测取。

3.3.7　干物质积累与再分配

在冬小麦的主要生育期内,不同处理不同畦段内连续取 20 株植株,用工具将地上部植株完整取下,且在开花期和成熟期每畦段分别取 0.5 m 行长的植株用于计算开花后干物质积累与再转移参数。取回样后在 105 ℃条件下杀青 20 min,然后将烘箱温度调至 80 ℃烘干至恒重,最后在短时间内用电子天平($e=0.01$ g)测得干物质积累量,开花后干物质积累与再转移参数计算公式为(胡梦芸等,2007)

$$干物质转运量 = 开花期营养器官干物质量 - 成熟期营养器官干物质量 \tag{3-5}$$

$$干物质转运率 = 干物质转运量/开花期营养器官干物质量 \tag{3-6}$$

$$干物质转运量对籽粒贡献率 = 干物质转运量/成熟期籽粒干重 \tag{3-7}$$

$$开花后干物质同化量 = 成熟期籽粒干重 - 干物质转运量 \tag{3-8}$$

$$花后干物质同化量对籽粒的贡献率 = 开花后干物质同化量/成熟期籽粒干重 \tag{3-9}$$

3.3.8　产量及产量构成

冬小麦收获时,在每个处理的 3 个重复内不同畦段取样,各畦段内取样尺寸为 1.5 m×1.5 m。收获前对冬小麦进行调查,统计取样区内的穗数。取样后进行室外风干,统计产量构成要素。

3.3.9　水分利用效率

水分利用效率(WUE)采用以下公式进行计算(Liu 等,2011):

$$WUE = \frac{Y}{ET} \tag{3-10}$$

式中:WUE 为水分利用效率,g/(m²·mm);Y 为冬小麦籽粒产量,g/m²;ET 为整个冬小麦生育期内的耗水量,mm。

灌溉水利用效率(张玉等,2015):

$$IUE = \frac{Y}{I} \tag{3-11}$$

式中:IUE 为灌溉水利用效率,kg/(hm²·mm)。

3.4　统计分析

本试验数据采用 Microsoft Excel、Origin 8.5.1 和 IBM SPASS Statistics 19 进行数据处理、绘图和统计分析,处理之间的显著性检验采用 S-N-K 法(α = 0.05)。

3.5　结果与分析

3.5.1　不同灌溉处理下的水流推进曲线

图 3-1 为不同处理在冬小麦拔节期进行灌溉的水流推进距离。T 处理的灌溉时间为 38 min,水流向前推进距离为 108 m。S 处理分为 2 个灌水周期,单周期供水时间为 17 min,周期停水时间为 17 min,第一周期灌水后水流向前推进距离为 65 m,第二周期灌水后水流向前推进距离为 110 m。P1 处理的灌水时间为 29.6 min,P2 处理的灌水时间为 26.1 min,P3 处理的灌水时间为 22.6 min。总体来说,S 处理、P1 处理、P2 处理和 P3 处理的灌水时间较 T 处理分别节约 4 min、8.4 min、11.9 min 和 15.4 min。

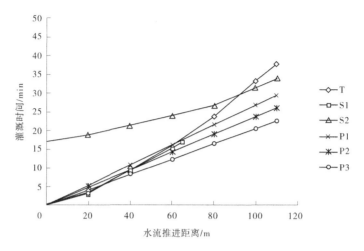

图 3-1　拔节期灌溉水流推进距离

图 3-2 为不同处理在冬小麦灌浆期进行灌溉的水流推进距离。T 处理的灌溉时间为 46 min,水流向前推进距离为 109 m。S 处理分为 2 个灌水周期,单周期供水时间为 20 min,周期停水时间为 20 min,第一周期灌水后水流向前推进距离为 68 m,第二周期灌水后水流向前推进距离为 107 m。P1 处理的灌水时间为 35.8 min,P2 处理的灌水时间为 31.6 min,P3 处理的灌水时间为 27.4 min。总体来说,S 处理、P1 处理、P2 处理和 P3 处理的灌水时间较 T 处理分别节约 6 min、10.2 min、14.4 min 和 18.6 min。

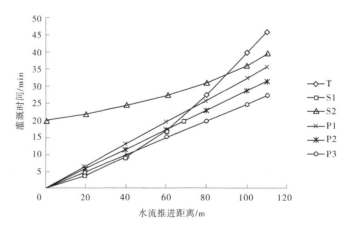

图 3-2　灌浆期灌溉水流推进曲线

由上述可知,S处理第一周期的水流推进速度与T处理基本一致,而S处理第二周期的水流推进速度高于T处理,管渠灌溉的水流推进速度在畦田后半段有明显优势。且灌浆期各处理的灌水时长大于拔节期的灌水时长,这是因为随着生育期的推进,冬小麦的群体生长密度增大,过水断面减小,水流推进阻力大,且灌浆期小麦需水量较大,土壤含水率较小,减缓了水流的推进速度。

3.5.2 不同灌溉处理对冬小麦耗水特性的影响

3.5.2.1 拔节期灌水前后0~100 cm土层的土壤含水率

图3-3、图3-4分别为拔节期灌前和灌后土壤体积含水率纵向分布,对比灌前和灌后不同土层的土壤体积含水率,不同畦段下不同土层中土壤体积含水率变化不同,在0~30 cm土层中土壤体积含水率增加最多,30~60 cm土层增加较小,60~100 cm土层基本不变。

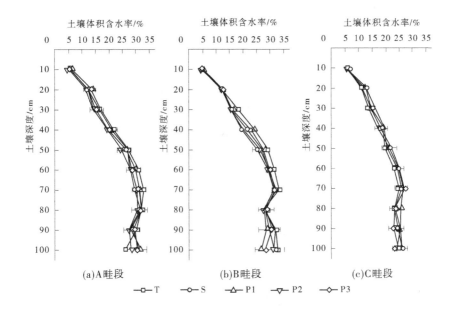

图3-3 拔节期灌前土壤体积含水率纵向分布

在0~30 cm土层中,灌水后各处理在不同畦段上的土壤体积含水率均值大小表现为P1处理>T处理>S处理>P2处理>P3处理,且P1处理与P2处理之间无显著性差异。与灌水前相比,灌水后A畦段各处理土壤体积含水率

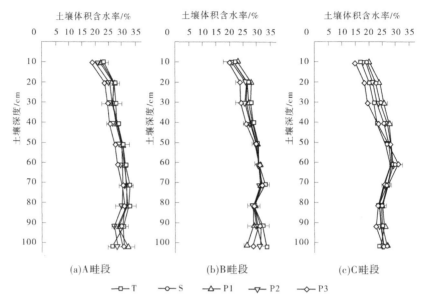

图 3-4　拔节期灌后土壤体积含水率纵向分布

呈增大趋势,P3 处理土壤体积含水率增值最小,且与其他处理的差异显著;在 B 畦段,不同处理土壤体积含水率增值大小表现为 P1 处理> P2 处理> S 处理> T 处理>P3 处理;在 C 畦段中,不同处理土壤体积含水率增值大小表现与 B 畦段相同,且各处理在 C 畦段中土壤体积含水率增值最小,P1 处理和 P2 处理与 T 处理、P3 处理差异显著。表明 P1 处理和 P2 处理有利于提高 B 畦段和 C 畦段 0~30 cm 土层中的土壤含水率。

在 30~60 cm 土层中,灌水后 P1 处理和 P2 处理在 A 畦段和 B 畦段中的土壤含水率均值差异不显著;在 C 畦段,T 处理土壤含水率均值最小,与 P1 处理和 P2 处理之间差异显著。与灌水前相比,灌水后在 A 畦段上 P1 处理、P2 处理与 P3 处理之间差异显著;在 B 畦段上表现为 P1 处理、P2 处理与其他处理之间差异不显著;在 C 畦段上表现为 P1 处理>S 处理>P2 处理> P3 处理>T 处理,且各处理在 C 畦段中土壤体积含水率增值最大,P1 处理、P2 处理与 T 处理之间差异显著。这表明 P1 处理和 P2 处理有利于增加 C 畦段 30~60 cm 土层中的土壤含水率;在 60~100 cm 土层中,不同处理土壤体积含水率变化不大。

3.5.2.2　灌浆期灌水前后 0~100 cm 土层的土壤含水率

图 3-5、图 3-6 分别为灌浆期灌前和灌后土壤体积含水率纵向分布,对比

灌前和灌后不同土层土壤体积含水率,不同畦段下不同土层中土壤体积含水率变化不同。在 0~30 cm 土层中土壤体积含水率增加最多,在 30~60 cm 土层中土壤体积含水率增加较小,在 60~100 cm 土层中土壤体积含水率降低。

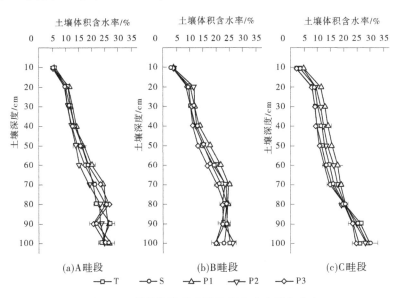

图 3-5　灌浆期灌前土壤体积含水率纵向分布

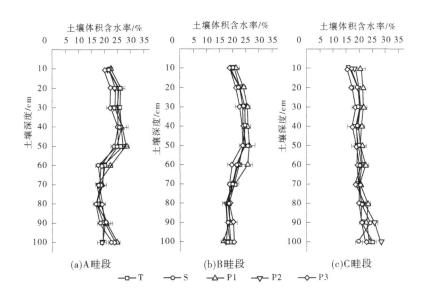

图 3-6　灌浆期灌后土壤体积含水率纵向分布

在 0~30 cm 土层中,灌水后 A 畦段上 P3 处理的土壤体积含水率最小,与其他处理之间差异达到显著水平;在 B 畦段,灌水后 P1 处理的土壤体积含水率最大,与 P2 处理之间差异不显著;在 C 畦段,灌水后各处理土壤体积含水率均值大小表现为 P1 处理>P2 处理> S 处理> T 处理>P3 处理,P1 处理与 P2 处理之间差异无显著性。与灌水前相比,灌水后 A 畦段和 B 畦段各处理土壤体积含水率呈增大趋势,P3 处理土壤体积含水率增值最小;在 C 畦段,不同处理土壤体积含水率增值大小表现与 C 畦段各处理土壤体积含水率均值大小表现一致,且各处理差异无显著性,这表明 P1 处理和 P2 处理增加了 C 畦段表层土壤含水率。

在 30~60 cm 土层中,灌水后 A 畦段和 B 畦段上均表现 P1 处理的土壤体积含水率最大,且 P1 处理与其他处理之间差异达到显著水平;在 C 畦段,灌水后各处理土壤体积含水率均值大小表现为 P1 处理>P2 处理> S 处理> T 处理>P3 处理,P1 处理和 P2 处理与 P3 处理之间差异显著。与灌水前相比,灌水后各处理在 A 畦段上土壤体积含水率增值大小表现为 P2 处理>P1 处理>S 处理>T 处理> P3 处理,P2 处理、P1 处理之间差异无显著性;在 B 畦段,灌水后各处理土壤体积含水率增值之间无显著性差异;在 C 畦段,P3 处理土壤体积含水率增值最大,P3 处理与 P1 处理之间差异显著。

在 60~100 cm 土层中,不同处理土壤体积含水率呈减少趋势。灌水后 A 畦段上 P2 处理的土壤体积含水率均值最小,且与其他处理之间差异显著;在 B 畦段,灌水后各处理土壤体积含水率均值差异不显著;在 C 畦段,不同处理土壤体积含水率变化不大。与灌水前相比,灌水后 A 畦段各处理土壤体积含水率呈减小趋势,各处理在土壤体积含水率均值降低大小差异不显著;在 B 畦段,各处理土壤体积含水率均值降低大小表现为 P2 处理> T 处理> S 处理>P1 处理>P3 处理;在 C 畦段,不同处理土壤体积含水率变化不大。这表明 P2 处理在 A 畦段上减少了水分的深层渗漏,且在 C 畦段上增加了对深层土壤水的利用。

3.5.2.3　土壤贮水量

冬小麦主要生育期的土壤贮水量如图 3-7 所示。各处理的土壤贮水量变化趋势为增大—减小—增大—减小,且各处理在各个生育期内的土壤贮水量在不同畦段之间有显著性差异。

在播种期,除 T 处理外,各处理不同畦段贮水量分布较为均匀。拔节期灌水后,各处理在各自 A 畦段和 B 畦段之间的土壤贮水量基本无显著性差异,而与 C 畦段有显著性差异,且 P1 处理、P2 处理和 P3 处理在各自不同畦

段最大和最小土壤贮水量之间的差异显著性与 T 处理、S 处理相比较小。拔
节期—抽穗期,各处理的土壤贮水量降低,在 A 畦段,各处理土壤贮水量消耗
大小表现为 S 处理>T 处理>P1 处理>P2 处理>P3 处理;在 B 畦段,土壤贮水
量消耗大小表现为 P1 处理>P3 处理>P2 处理>T 处理>S 处理,与 S 处理相
比,T 处理、P1 处理、P2 处理和 P3 处理分别提高了 3.85%、19.66%、15.12%
和 18.91%;在 C 畦段,土壤贮水量消耗大小表现为 P2 处理>S 处理>T 处理>
P1 处理>P3 处理,与 P3 处理相比,T 处理、S 处理、P1 处理和 P2 处理土壤贮
水量消耗分别提高了 18.60%、24.61%、16.28%和 28.65%。

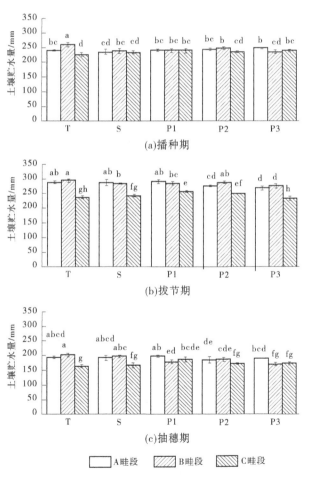

图 3-7　冬小麦主要生育期的土壤贮水量

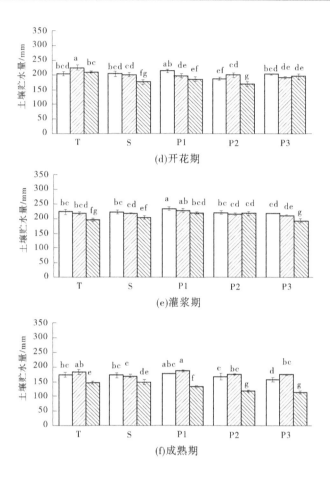

续图 3-7

　　在抽穗期,P1 处理和 P3 处理在各自 A 畦段和 B 畦段土壤贮水量之间差异有显著性,而 P1 处理、P2 处理和 P3 处理在各自 B 畦段和 C 畦段的土壤贮水量差异性较小。抽穗期—开花期,受到降水影响,各处理的土壤贮水量呈增加趋势。开花期—灌浆期,各处理土壤贮水量在不同畦段上的平均值上增加的大小表现为 P2 处理>P1 处理>S 处理>P3 处理>T 处理。在灌浆期—成熟期内,各处理的土壤贮水量降低,在 A 畦段,土壤贮水量消耗大小比较为 P3 处理>P1 处理>P2 处理>S 处理>T 处理,与 T 处理相比,S 处理、P1 处理、P2 处理和 P3 处理分别提高了 2.76%、15.28%、11.58% 和 22.80%;在 B 畦段,土壤贮水量消耗大小比较为 S 处理>P1 处理>P2 处理>P3 处理>T 处理,与 T 处理相比,S 处理、P1 处理、P2 处理和 P3 处理分别提高了 33.74%、14.72%、12.91%和 7.23%;在 C 畦段,土壤贮水量消耗大小比较为 P2 处理>P1 处理>P3 处理>S 处理>T 处理,与 T 处理相比,S 处理、P1 处理、P2 处理和 P3 处理分别提高了 8.28%、72.07%、95.78%和 56.96%,且可以看出 P1 处理、P2 处理和 P3 处理的 C 畦段土壤贮水量减少的大小远大于 T 处理和 S 处理。

3.5.2.4　不同水分来源及其所占总耗水比例

不同处理总耗水量、耗水来源及其占总耗水量的比例见表 3-2。随着灌水量的增加,总耗水量也逐渐增加,各处理总耗水量大小比较为 T 处理>S 处理>P1 处理>P2 处理>P3 处理,且各处理之间的差异呈显著性,与 P3 处理相比,T 处理、S 处理、P1 处理和 P2 处理耗水量大小分别提高 19.18%、11.03%、9.58%和 5.81%。

表 3-2　不同处理总耗水量、耗水来源及其占总耗水量的比例

处理	总耗水量/mm	降水量		灌水量		土壤供水量 ΔS	
		数量/mm	比例/%	数量/mm	比例/%	数量/mm	比例/%
T	615.66a	102.5	16.65	437.93	71.13	75.25b	12.22
S	573.58b	102.5	17.87	398.48	69.47	72.60b	12.66
P1	564.54c	102.5	18.16	388.29	68.78	73.75b	13.06
P2	546.60d	102.5	18.75	355.19	64.98	88.92a	16.27
P3	516.59e	102.5	19.84	322.11	62.35	91.98a	17.81

注:每列中字母相同者表示差异未达显著水平($P > 0.05$),字母不同者表示差异达显著水平($P < 0.05$)。

各处理降水量占总耗水量的比例大小为 P3 处理>P2 处理>P1 处理>S 处理>T 处理;各处理灌水量占总耗水量的比例大小为 T 处理>S 处理>P1 处理>P2 处理>P3 处理,与 P3 处理相比,T 处理、S 处理、P1 处理和 P2 处理灌水量分别提高 35.96%、23.71%、20.55%和 10.27%;各处理土壤供水量占总耗水量的比例大小为 P3 处理>P2 处理>P1 处理>S 处理>T 处理,且 P2 处理与 T 处理、S 处理、P1 处理之间有显著性差异,与 T 处理相比,S 处理、P1 处理、P2 处理和 P3 处理的土壤供水量所占总耗水量的比例分别提高 3.57%、6.90%、33.11%和 45.70%。表明 P2 处理和 P3 处理降低了灌水量,并提高了对土壤

水的利用效率。

3.5.2.5　阶段耗水量、日耗水量和耗水模系数

不同处理在冬小麦生育期阶段耗水量、日耗水量和耗水模系数如表 3-3 所示。T 处理和 P1 处理的阶段耗水量、耗水模系数和日耗水量均表现为拔节期—灌浆期>灌浆期—成熟期>播种期—拔节期;S 处理、P2 处理和 P3 处理的阶段耗水量和耗水模系数均表现为拔节期—灌浆期>播种期—拔节期>灌浆期—成熟期,日耗水量均表现为拔节期—灌浆期>灌浆期—成熟期>播种期—拔节期。

在播种期—拔节期内,各处理的阶段耗水量和日耗水量之间的差异性相同,P2 处理与 P1 处理、T 处理之间的差异呈显著性,而在耗水模系数中,各处理大小表现为 P3 处理>P2 处理>S 处理>P1 处理>T 处理;在拔节期—灌浆期内,各处理的阶段耗水量和日耗水量之间差异具有显著性,其大小均表现为 T 处理>S 处理>P1 处理>P2 处理>P3 处理,而 P1 处理和 P2 处理耗水模系数最小;在灌浆期—成熟期内,各处理阶段耗水量和日耗水量之间差异呈显著性,T 处理>P1 处理>S 处理>P2 处理>P3 处理,而在耗水模系数中,各处理大小表现为 P1 处理>T 处理>S 处理>P2 处理>P3 处理。

表 3-3　不同处理在冬小麦生育期阶段耗水量、日耗水量和耗水模系数

处理	播种期—拔节期			拔节期—灌浆期			灌浆期—成熟期		
	CA/mm	CP/%	CD/mm	CA/mm	CP/%	CD/mm	CA/mm	CP/%	CD/mm
T	174.77b	28.39c	0.98b	251.07a	40.78a	6.79a	189.82a	30.83ab	5.58a
S	178.37ab	31.10b	1.00ab	223.26b	38.92b	6.03b	171.94b	29.98bc	5.06b
P1	175.46b	31.08b	0.98b	212.19c	37.59cd	5.73c	176.89b	31.33a	5.20b
P2	183.05a	33.49a	1.02a	203.61d	37.25d	5.50d	159.94c	29.26c	4.70c
P3	178.76ab	34.60a	1.00ab	199.62d	38.64bc	5.40d	138.20d	26.75d	4.06d

注:CA 为阶段耗水量;CP 为耗水模系数;CD 为日耗水量。每列中字母相同者表示差异未达显著水平($P > 0.05$),字母不同者表示差异达显著水平($P < 0.05$)。

3.5.3　不同灌溉处理对冬小麦生长发育的影响

3.5.3.1　冬小麦分蘖数动态变化

冬小麦主要生育期的分蘖数如图 3-8 所示,各处理的分蘖数变化趋势为

先增加再减小最后基本不变,冬小麦分蘖数在越冬期—返青期呈增加趋势,在返青期达到最大值,拔节期—开花期分蘖数逐渐降低,且开花期—灌浆期分蘖数基本不变。

在图 3-8(a)越冬期中,各灌溉处理的分蘖数差异没有显著性,在各处理畦段分布上分蘖数总体生长分布较为均匀;在图 3-8(b)返青期中,S 处理的 A 畦段分蘖数与 P3 处理 C 畦段的分蘖数大小差异呈显著性。

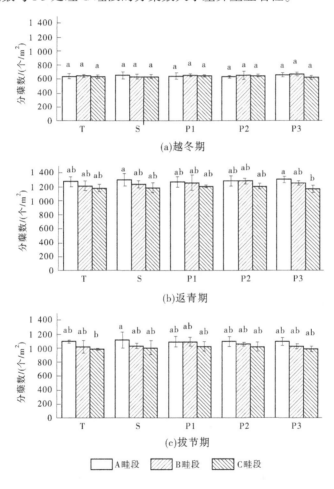

图 3-8　冬小麦主要生育期的分蘖数

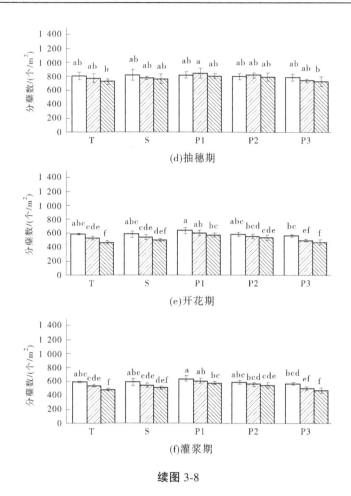

续图 3-8

在图 3-8(c)拔节期中,各处理在各自畦段的分蘖数之间差异无显著性,不同畦段的分蘖数大小在拔节期总体呈现为 A 畦段>B 畦段>C 畦段的趋势。各处理在同一畦段下分蘖数之间的差异不显著。在 A 畦段,P1 处理的分蘖数最大;在 B 畦段,各处理分蘖数大小表现为 P1 处理>P2 处理>S 处理>P3 处理>T 处理;在 C 畦段,各处理分蘖数大小表现与 B 畦段趋势相同。各处理分蘖数在不同畦段上的平均值上表现为 P1 处理>P2 处理>S 处理>P3 处理>T 处理。在图 3-8(d)抽穗期中,各处理各自畦段之间的分蘖数大小无显著性差异,且各处理在同一畦段下分蘖数之间的差异不显著。在 A 畦段,P1 处理的分蘖数最大;在 B 畦段,不同处理在分蘖数上表现为 P1 处理>P2 处理>S 处理>T 处理>P3 处理;在 C 畦段,不同处理在分蘖数上表现大小趋势与 B 畦段相同。各处理分蘖数在不同畦段上的平均值上表现为 P1 处理>P2 处理>S 处理>T 处理>P3 处理,且 P2 处理与 P3 处理之间差异显著。与 P3 处理相比,T 处理、S 处理、P1 处理和 P2 处理分别提高 2.47%、5.46%、10.14%和 6.70%。

图 3-8(e)所示的开花期中,除 P3 处理外,各处理在各自 A 畦段和 B 畦段分蘖大小差异无显著性,T 处理的 B 畦段和 C 畦段分蘖大小之间有显著性差异。在 A 畦段,P1 处理的分蘖数最大,且 P1 处理和 P3 处理分蘖大小差异具有显著性;在 B 畦段,不同处理在分蘖大小上表现为 P1 处理>P2 处理>S 处理>T 处理>P3 处理,P1 处理和 P2 处理差异无显著性,与其他处理之间具有显著性差异;在 C 畦段,不同处理分蘖数表现与 B 畦段趋势一致,P1 处理和 P2 处理差异无显著性,P2 处理与 T 处理和 P3 处理之间差异呈显著性。各处理在不同畦段的平均值上表现为 P1 处理>P2 处理>S 处理>T 处理>P3 处理,与 P3 处理相比,T 处理、S 处理、P1 处理和 P2 处理分别提高 4.82%、7.22%、18.84%和 9.94%。图 3-8(f)所示的灌浆期中,除 P3 处理外,各处理在各自 A 畦段和 B 畦段分蘖大小差异无显著性,T 处理的 B 畦段和 C 畦段分蘖有显著性差异。各处理在不同畦段上分蘖数表现与开花期一致。各处理在不同畦段的平均值上表现为 P1 处理>P2 处理>S 处理>T 处理>P3 处理,且 P1 处理与其他处理之间差异显著,P2 处理与 P3 处理之间差异显著。与 P3 处理相比,T 处理、S 处理、P1 处理和 P2 处理分别提高 5.13%、7.23%、19.00%和 10.11%。表明 P1 处理和 P2 处理提高了冬小麦生育后期的分蘖数。

3.5.3.2　株高

冬小麦主要生育期的株高如图 3-9 所示,各处理的株高变化趋势为在拔节期—抽穗期快速增大,在开花期达到最大值,灌浆期略微下降。

图 3-9(a)为拔节期株高,各处理在不同畦段上株高大小之间无显著性差异;图 3-9(b)为抽穗期株高,P1 处理、P2 处理和 P3 处理在不同畦段上生长较为均匀,T 处理和 S 处理在各自 A 畦段与 C 畦段株高之间差异具有显著性。在 A 畦段,各处理株高大小表现为 S 处理>T 处理>P1 处理>P2 处理>P3 处理;在 B 畦段,各处理株高大小表现为 S 处理>P1 处理>P2 处理>T 处理>P3 处理;在 C 畦段,株高大小表现为 P1 处理>P2 处理>S 处理>T 处理>P3 处理。各处理株高在畦段平均值表现为 S 处理>P1 处理>P2 处理>T 处理>P3 处理,P3 处理与其他处理之间差异显著。与 P3 处理相比,T 处理、S 处理、P1 处理和 P2 处理分别提高 2.61%、4.53%、4.43%和 3.20%。

图 3-9(c)为开花期株高,除 T 处理外,其他处理在各自不同畦段株高之间的差异不显著,且各处理在同一畦段上株高大小之间差异无显著性。在 A

畦段,不同处理株高大小表现为 S 处理>T 处理>P1 处理>P2 处理>P3 处理;在 B 畦段,不同处理株高大小表现为 P1 处理>S 处理>T 处理>P2 处理>P3 处理;在 C 畦段,不同处理株高大小表现为 P1 处理>P2 处理>S 处理>T 处理>P3 处理。各处理在不同畦段平均值上表现为 P1 处理>S 处理>P2 处理>T 处理>P3 处理,P3 处理与其他处理之间差异显著。与 P3 处理相比,T 处理、S 处理、P1 处理和 P2 处理分别提高 2.44 %、3.77%、3.98%和2.74%。图 3-9(d)为灌浆期株高,相比开花期株高,灌浆期株高稍微降低。各处理在各自畦段及同一畦段上株高之间差异性与开花期相同。在 A 畦段,各处理株高大小表现为 T 处理>S 处理>P1 处理>P2 处理>P3 处理;在 B 畦段和 C 畦段,各处理株高大小与开花期相同。各处理株高在不同畦段平均值上表现与开花期相同。

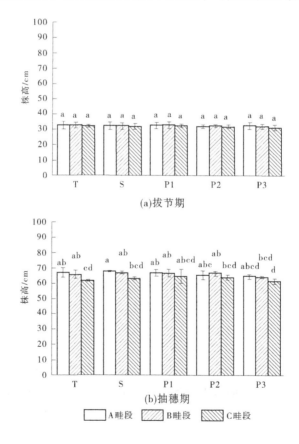

图 3-9　冬小麦主要生育期的株高

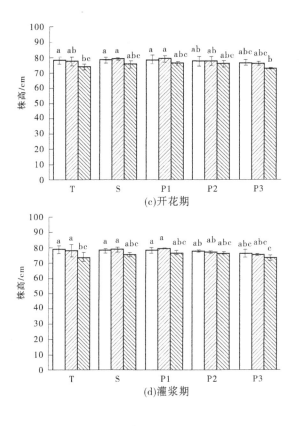

(c)开花期

(d)灌浆期

续图 3-9

3.5.3.3　叶面积指数 LAI

冬小麦主要生育期的叶面积指数如图 3-10 所示,各处理的叶面积指数变化趋势为在返青期—拔节期快速增加,拔节期—抽穗期增速放缓,在抽穗期达到最大值,抽穗期后叶面积指数下降。

图 3-10(a)为返青期叶面积指数,各处理在不同畦段叶面积指数无显著性差异;图 3-10(b)为拔节期叶面积指数,除 P3 处理外,各处理在各自 A 畦段和 B 畦段叶面积指数大小之间无显著性差异,且 T 处理的 B 畦段和 C 畦段叶面积指数之间有显著性差异。在 A 畦段,各处理 LAI 大小表现为 P1 处理>P2处理>S 处理>T 处理>P3 处理,各处理之间 LAI 无显著性差异;在 B 畦段,各处理 LAI 大小表现为 P1 处理>P2 处理>S 处理>T 处理>P3 处理,P1 处理和P3 处理 LAI 之间差异具有显著性;在 C 畦段,各处理 LAI 大小表现为 P1 处

理>S 处理>P2 处理>T 处理>P3 处理,各处理无显著性差异。各处理 LAI 在不同畦段上的平均值上表现为 P1 处理>P2 处理>S 处理>T 处理>P3 处理,P1 处理与 P2 处理差异无显著性,而与其他处理之间差异显著,P2 处理与 P3 处理差异显著。与 P3 处理相比,T 处理、S 处理、P1 处理和 P2 处理分别提高 2.60%、3.72%、6.84%和 4.84%。返青期—拔节期,LAI 增加幅度较大,T 处理、S 处理、P1 处理、P2 处理和 P3 处理在不同畦段上的平均值分别增加 157.65%、165.55%、173.78%、167.67%和 155.44%。表明 P1 处理和 P2 处理有利于提高 LAI。

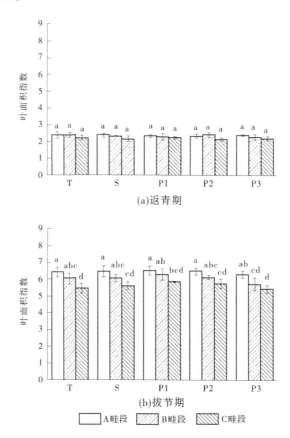

(a)返青期

(b)拔节期

□ A畦段　　▨ B畦段　　▨ C畦段

图 3-10　冬小麦主要生育期的叶面积指数

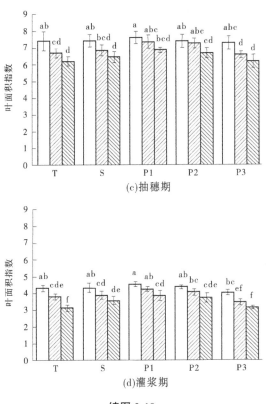

(c)抽穗期

(d)灌浆期

续图 3-10

图 3-10(c)为抽穗期叶面积指数,T 处理和 P3 处理在各自 A 畦段与 B 畦段之间有显著性差异,而各处理在各自 A 畦段与 C 畦段有显著性差异。在 A 畦段,各处理 LAI 表现为 P1 处理>S 处理>T 处理>P2 处理>P3 处理,各处理 LAI大小无显著性差异;在 B 畦段,各处理 LAI 大小表现 P1 处理> P2 处理>S 处理>T 处理>P3 处理,P3 处理与 P1 处理、P2 处理之间 LAI 大小差异具有显著性;在C 畦段,各处理 LAI 大小表现与 B 畦段相同,且各处理 LAI 大小之间差异无显著性。各处理 LAI 在不同畦段上的平均值表现为 P1 处理>P2 处理>S 处理>T 处理>P3 处理,P1 处理与 P2 处理差异无显著性,而与其他处理之间差异显著,P2处理与 T 处理、P3 处理之间差异显著。与 P3 处理相比,T 处理、S 处理、P1 处理和 P2 处理分别提高 1.33%、3.52%、8.94%和 6.36%。拔节期—抽穗期,LAI 增加幅度较小,T 处理、S 处理、P1 处理、P2 处理和 P3 处理在不同畦段上的平均值分别增加 12.71%、13.90%、16.36%、15.77%和 14.11%。

图 3-10(d)为灌浆期叶面积指数,T 处理、S 处理和 P3 处理各自 A 畦段和

B畦段叶面积指数有显著性差异,而各处理各自A畦段与C畦段叶面积指数均有显著性差异。在不同畦段上各处理LAI大小均表现为P1处理>P2处理>T处理>S处理>P3处理。在A畦段,P1处理与P3处理之间差异显著;在B畦段,P1处理与P2处理LAI之间差异无显著性,而与其他处理差异具有显著性。P2处理与P3处理之间差异具有显著性;在C畦段,P1处理、P2处理、S处理之间差异无显著性,而与T处理和P3处理之间差异具有显著性。各处理在不同畦段上的平均值上表现为P1处理>P2处理>S处理>T处理>P3处理,P1处理与P2处理差异无显著性,P2处理与T处理、P3处理之间差异显著。与P3处理相比,T处理、S处理、P1处理和P2处理分别提高5.83%、10.76%、19.16%和14.67%。抽穗期—灌浆期,LAI降低幅度较大,T处理、S处理、P1处理、P2处理和P3处理在不同畦段上的平均值分别降低80.31%、76.01%、72.18%、74.67%和88.32%。

3.5.3.4　地上部干物质积累量

冬小麦主要生育期地上部干物质量如图3-11所示,各处理的干物质量变化趋势为返青期—抽穗期逐渐增加,抽穗期—开花期略微降低,开花期—成熟期逐渐增加。

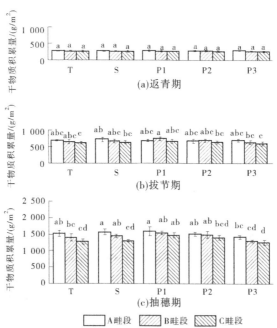

图3-11　冬小麦主要生育期地上部干物质量

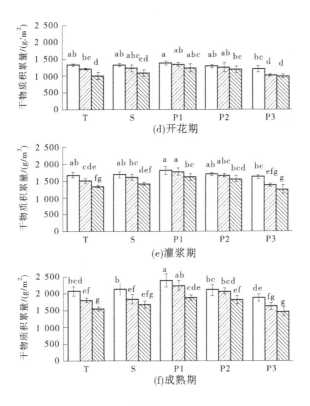

续图 3-11

　　在图 3-11(a)返青期中,各处理的干物质量在畦段分布上总体生长较为均匀,各处理在不同畦段之间没有显著性差异;在图 3-11(b)拔节期中,各处理各自不同畦段上干物质量均无显著性差异。在 A 畦段,各处理干物质量大小之间无显著性差异;在 B 畦段,各处理的干物质量大小表现为 P1 处理>P2处理>S 处理>T 处理>P3 处理,P1 处理和 P3 处理差异具有显著性;在 C 畦段,各处理的干物质量大小表现与 B 畦段一致,不同处理之间无显著性差异。各处理干物质量在不同畦段上的平均值表现为 P1 处理>S 处理>P2 处理>T处理>P3 处理,P1 处理与 P3 处理之间差异显著。与 P3 处理相比,T 处理、S处理、P1 处理和 P2 处理分别提高 1.74%、4.60%、9.17%和 4.26%。返青期—拔节期,干物质量增幅较大,T 处理、S 处理、P1 处理、P2 处理和 P3 在不同畦段上的平均值分别增加 147.40%、152.08%、160.05%、149.39% 和141.75%。

在图 3-11(c)抽穗期中,各处理的 B 畦段与 A 畦段、C 畦段之间无显著性差异,除 P1 处理和 P2 处理外,T 处理、S 处理和 P3 处理的 A 畦段与 C 畦段干物质量之间均有显著性差异。在 A 畦段,不同处理的干物质量大小表现为 P1 处理>S 处理>T 处理>P2 处理>P3 处理,P1 处理与 P3 处理之间差异具有显著性;在 B 畦段,不同处理干物质量大小表现为 P1 处理>P2 处理>S 处理>T 处理>P3 处理,P1 处理、P2 处理与 P3 处理之间差异具有显著性;在 C 畦段,不同处理干物质量大小表现与 B 畦段一致,P1 处理与 P2 处理之间差异不显著,与其他处理差异具有显著性。各处理干物质量在不同畦段上的平均值上表现为 P1 处理>P2 处理>S 处理>T 处理>P3 处理,P1 处理与 P2 处理之间差异不显著,P2 处理与 P3 处理之间差异显著。与 P3 处理相比,T 处理、S 处理、P1 处理和 P2 处理分别提高 6.84%、9.50%、16.87%和 10.94%。拔节期—抽穗期,干物质量增幅较大,T 处理、S 处理、P1 处理、P2 处理和 P3 处理在不同畦段上的平均值分别增加 117.38%、116.70%、121.59%、120.27%和107.00%。

在图 3-11(d)开花期中,除 P3 处理外,其他处理在各自 A 畦段和 B 畦段之间无显著性差异,且 T 处理的 B 畦段和 C 畦段之间差异显著。在 A 畦段,不同处理的干物质量大小表现为 P1 处理> T 处理>S 处理>P2 处理>P3 处理,P1 处理和 P3 处理之间差异具有显著性;在 B 畦段,不同处理的干物质量大小表现为 P1 处理>P2 处理>S 处理>T 处理>P3 处理,P3 处理与其他处理之间差异具有显著性;在 C 畦段,不同处理干物质量大小表现与 B 畦段一致,P1 处理和 P2 处理之间差异无显著性,P2 处理与 T 处理、P3 处理之间差异显著。各处理干物质量在不同畦段上的平均值上表现为 P1 处理>P2 处理>S 处理>T 处理>P3 处理,P1 处理与 P2 处理之间差异不显著,P2 处理与 P3 处理之间差异显著。与 P3 处理相比,T 处理、S 处理、P1 处理和 P2 处理分别提高 10.88%、14.13%、23.60%和 16.78%。抽穗期—开花期,各处理干物质量降低,T 处理、S 处理、P1 处理、P2 处理和 P3 处理干物质量在不同畦段上的平均值分别降低 15.58%、15.23%、13.98%和14.38%和 18.66%。

图 3-11(e)所示的灌浆期中,T 处理的各畦段之间差异呈显著性,而 P2 处理各畦段之间干物质量大小差异无显著性。在 A 畦段,不同处理之间干物质量大小表现为 P1 处理>S 处理>P2 处理>T 处理>P3 处理;在 B 畦段,不同处理的干物质量大小表现为 P1 处理>P2 处理>S 处理>T 处理>P3 处理,P1处理与 P2 处理无显著性差异,而与其他处理差异显著,P2 处理与 P3 处理差异显著;在 C 畦段,不同处理干物质量大小表现与 B 畦段一致,P1 处理与 P2

处理无显著性差异,而与其他处理差异显著。P2 处理与 T 处理、P3 处理之间差异显著。各处理干物质量在不同畦段上的平均值上表现为 P1 处理>P2 处理>S 处理>T 处理>P3 处理,P1 处理与 P2 处理之间差异不显著,P2 处理与 T 处理、P3 处理之间差异显著。与 P3 处理相比,T 处理、S 处理、P1 处理和 P2 处理分别提高 7.68%、12.19%、23.98% 和 16.67%。开花期—灌浆期,各处理干物质量增加,T 处理、S 处理、P1 处理、P2 处理和 P3 处理在不同畦段上的平均值分别增加 27.83%、29.40%、32.04%、31.51% 和 31.63%。

在图 3-11(f) 所示的成熟期中,T 处理不同畦段之间差异显著,且 S 处理和 P3 处理在各自 A 畦段和 B 畦段之间具有显著性差异,P1 处理和 P2 处理在各自 B 畦段和 C 畦段差异显著。在 A 畦段,不同处理干物质量大小表现为 P1 处理>S 处理>P2 处理>T 处理>P3 处理,P1 处理与其他处理差异具有显著性,P2 处理与 P3 处理差异显著;在 B 畦段,不同处理干物质量大小表现为 P1 处理>P2 处理>S 处理>T 处理>P3 处理,P1 处理和 P2 处理与其他处理之间的差异有显著性;在 C 畦段,不同处理干物质量大小表现与 B 畦段一致,P1 处理与 P2 处理之间差异不显著,P2 处理与 T 处理、P3 处理之间差异显著。各处理干物质量在不同畦段上的平均值上表现为 P1 处理>P2 处理>S 处理>T 处理>P3 处理,P1 处理与其他处理差异具有显著性。与 P3 处理相比,T 处理、S 处理、P1 处理和 P2 处理分别提高 10.23%、14.45%、32.15% 和 21.47%。灌浆期—成熟期,各处理干物质量增加,T 处理、S 处理、P1 处理、P2 处理和 P3 处理在不同畦段上的平均值分别增加 20.28%、19.86%、25.23%、22.32% 和 17.49%。

3.5.3.5 干物质转运

由表 3-4 可知,各处理营养器官花前贮存干物质转运量大小表现为 T 处理>S 处理>P2 处理>P3 处理>P1 处理;各处理营养器官花前干物质转运率大小表现为 T 处理>P3 处理>S 处理>P2 处理>P1 处理,T 处理、S 处理、P3 处理之间差异不显著,而与 P1 处理、P2 处理之间差异显著;各处理营养器官花前干物质转运量对籽粒的贡献率大小表现为 T 处理>P3 处理>S 处理>P2 处理>P1 处理。这说明灌水量越多,其营养器官花前干物质转运量对籽粒的贡献率越小;各处理开花后干物质同化量大小表现为 P1 处理>P2 处理>S 处理>T 处理>P3 处理,与 P3 处理相比,T 处理、S 处理、P1 处理和 P2 处理分别提高 9.04%、15.04%、47.79% 和 30.04%;各处理花后干物质同化量对籽粒的贡献率大小表现为 P1 处理>P2 处理>S 处理>P3 处理>T 处理,与 T 处理相比,S 处理、P1 处理、P2 处理和 P3 处理分别提高 2.60%、12.65%、7.97% 和

1.12%,这说明在管渠灌溉下,灌水量越多,其花后干物质同化量对籽粒的贡献率越大。

表 3-4　开花后干物质积累量和营养器官干物质再分配量

处理	营养器官花前贮存干物质转运量/(g/m²)	营养器官花前干物质转运率/%	营养器官花前干物质转运量对籽粒的贡献率/%	开花后干物质同化量/(g/m²)	花后干物质同化量对籽粒的贡献率/%
T	296.21a	25.24a	31.93a	631.51cd	68.07c
S	287.33ab	23.77a	30.16a	666.23c	69.84c
P1	260.35c	19.87c	23.32c	855.90a	76.68a
P2	272.02abc	21.96b	26.51b	753.12b	73.49b
P3	262.04bc	24.75a	31.17a	579.14d	68.83c

注:每列中字母相同者表示差异未达显著水平($P>0.05$),字母不同者表示差异达显著水平($P<0.05$)。

3.5.4　不同灌溉处理对冬小麦产量及水分利用效率的影响

3.5.4.1　不同畦段籽粒产量

由表 3-5 可知,在 A 畦段,不同处理之间籽粒产量的大小表现为 P1 处理>P2 处理>S 处理>T 处理>P3 处理,各处理之间籽粒产量差异不显著;在 B 畦段,不同处理之间籽粒产量的大小表现为 P1 处理>P2 处理>S 处理>T 处理>P3 处理,P1 处理和 T 处理、P3 处理之间籽粒产量差异显著;在 C 畦段,各处理籽粒产量表现与 B 畦段相同,P1 处理和 P2 处理之间差异不显著。各处理籽粒产量在畦段平均值大小表现为 P1 处理>P2 处理>S 处理>T 处理> P3 处理,P1 处理比 T 处理、S 处理、P2 处理和 P3 处理分别提高 11.62%、8.60%、3.53%和 16.74%,P1 处理、P2 处理与其他处理之间差异显著,且各处理的变异系数大小表现为 T 处理>S 处理>P3 处理>P1 处理>P2 处理,说明管渠灌溉方式下不同畦段籽粒产量差异小,有利于整畦小麦高产稳产。

表 3-5　不同处理对各畦段的籽粒产量

处理	籽粒产量/(g/m²)				C_v/%
	A	B	C	平均	
T	751.04a	714.41bc	634.73b	700.06cd	8.49
S	764.41a	735.38abc	650.80b	719.53bc	7.58
P1	797.90a	794.00a	744.69a	778.86a	3.81
P2	763.13a	762.01ab	722.50a	749.21ab	3.09
P3	704.75a	674.57c	628.79b	669.37d	5.71

注:每列中字母相同者表示差异未达显著水平($P>0.05$),字母不同者表示差异达显著水平($P<0.05$)。

3.5.4.2　产量及构成因素和水分利用效率

如表 3-6 所示,不同处理在穗数上的大小表现为 P1 处理>P2 处理>S 处理>T 处理>P3 处理,P1 处理、P2 处理与 P3 处理之间差异呈显著性;在穗粒数上,不同处理的大小表现为 P1 处理>T 处理>P2 处理>S 处理>P3 处理,P1 处理、P2 处理与 P3 处理之间差异呈显著性;在穗长上,P3 处理最小,且与 P1 处理、T 处理有显著性差异;在千粒重上,不同处理的大小表现为 S 处理>T 处理> P1 处理>P2 处理>P3 处理,T 处理、S 处理与 P 处理之间的差异呈显著性;在 WUE 上,不同处理大小对比为 P1 处理>P2 处理>P3 处理>S 处理>T 处理,P1 处理与 P2 处理之间无显著性差异,P2 处理与 T 处理、S 处理之间差异呈显著性,与 T 处理相比,S 处理、P1 处理、P2 处理和 P3 处理分别提高 9.65%、21.05%、20.18%和14.04%;在 WUE 上,P2 处理>P3 处理>P1 处理>S 处理>T 处理,P 处理与 T 处理、S 处理之间的差异呈显著性,与 T 处理相比,S 处理、P1 处理、P2 处理和 P3 处理分别提高 13.13%、25.63%、31.88%和30.00%。

表 3-6　不同处理产量构成因素和产量及水分利用效率

处理	穗数/(×10⁴/m²)	穗粒数	穗长/cm	千粒重/g	籽粒产量/(g/m²)	WUE/[g/(m²·mm)]	IUE/[g/(m²·mm)]
T	452.0bc	39.1b	8.2a	47.193a	700.06cd	1.14d	1.60c
S	458.4bc	38.5b	8.1ab	47.345a	719.53bc	1.25c	1.81b
P1	497.7a	40.7a	8.2a	46.384b	778.86a	1.38a	2.01a
P2	472.4ab	38.6b	8.1ab	46.311b	749.21ab	1.37ab	2.11a
P3	435.2c	36.9c	7.9b	46.142b	669.37d	1.30bc	2.08a

注:每列中字母相同者表示差异未达显著水平($P>0.05$),字母不同者表示差异达显著水平($P<0.05$)。

第4章　夏玉米管渠灌溉试验

4.1　材料与方法

4.1.1　试验材料

供试玉米品种为郑单958。本试验于2019~2020年在山东省泰安市马庄镇山东农业大学试验田进行,该地区属暖温带大陆性季风气候,夏季降水多,雨热同期。本试验为大田试验,试验区主要土壤类型为壤土,播种前试验田0~20 cm土层土壤养分情况见表4-1,0~100 cm土层土壤容重和田间持水量见表4-2。2019年夏玉米全生育期降水量为246.5 mm,2020年受台风影响降水量为675 mm,详见图4-1。

表4-1　播种前0~20 cm土层土壤养分状况　　　单位:mg/kg

年度	碱解氮	速效磷	速效钾
2019	89.43	58.11	116.65
2020	92.36	65.47	111.45

表4-2　试验田0~100 cm土层土壤容重和田间持水量

土层深度/cm	土壤容重/(g/cm^3)	田间持水量/%
0~10	1.32	26.82
10~20	1.41	28.03
20~30	1.58	25.46
30~40	1.59	24.82
40~60	1.62	24.57
60~80	1.76	22.96
80~100	1.64	24.77

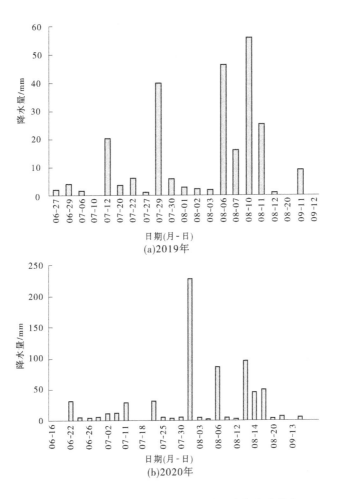

图 4-1　2019 年和 2020 年夏玉米全生育期降水分布

4.1.2　试验设计

试验采用随机区组设计,管渠自动控水灌溉(W_1)条件下设置农民传统施氮 300 kg/hm²(N_{300}),增氮 10% 施氮 330 kg/hm²(N_{330}),减氮 20% 施氮 240 kg/hm²(N_{240}),减氮 50% 施氮 150 kg/hm²(N_{150})和不施氮 0(N_0),同时设置畦灌(W_2)为对照组,施氮量为农民传统施氮 300 kg/hm²(N_{300})。

W_1 灌水模式,播种期、拔节期、抽雄期灌水前用 TDR 法测定土壤含水率,以 0~20 cm 土层土壤含水率达到田间持水量为目标计算灌水量,通过电磁流量计计算和控制灌水量,灌水流量为 40 m³/h。W₂ 灌水模式,灌水流量与 W₁ 灌水模式相同,当水流推进到畦长的 95% 时,停止灌水,水源皆为井水。所有处理施氮时期分别于播种前、拔节期、灌浆期按照 1:1:1 的比例施入,基氮在播种前底施,拔节氮和抽雄氮将氮肥溶解后随水施入,2020 年受台风影响,抽雄期不进行灌水,追肥方式为均匀撒施。氮肥、磷肥、钾肥分别选用含氮 46% 的尿素、重过磷酸钙(含 P_2O_5 46%)和氯化钾(含 K_2O 60%),播种前一次性底施 P_2O_5 和 K_2O 各 120 kg/hm²。分别于 2019 年 6 月 16 日和 2020 年 6 月 13 日机械播种,2019 年 10 月 3 日和 2020 年 9 月 28 日收获。

畦田规格为 1.8 m×120 m,种植密度为 67 000 株/hm²,等行距种植,行距 60 cm,株距 25 cm,其他管理措施同高产攻关田进行田间管理。

4.2　测定项目与试验方法

4.2.1　夏玉米植株生理指标

分别于拔节期、抽雄期、灌浆期、成熟期选择各处理距离畦首 0~40 m、40~80 m、80~120 m 的有代表性的植株,各取 3 株,测定株高、茎粗、叶长、叶宽,并计算叶面积指数 LAI,计算公式为

$$LAI = \sum_{j=1}^{k} \frac{fb_j l_j}{s} \tag{4-1}$$

式中:LAI 为叶面积指数(Leaf Area Index);k 为夏玉米植株叶片数;f 为玉米叶面积校正系数,取 0.75;b_j 为夏玉米单叶最大宽度,cm;l_j 为夏玉米单叶长度,cm;s 为单株夏玉米的占地面积。

测量完成后的夏玉米植株、拔节期地上部整株、抽雄期玉米植株分为叶片与茎鞘,灌浆期和成熟期植株分为叶片、茎鞘、籽粒,分别装入牛皮纸,105 ℃ 杀青 30 min,80 ℃ 烘干至恒重,使用电子天平测得干物质重量。

4.2.2　土壤含水率的测定与农田耗水量、水分利用效率的计算

在夏玉米的全生育期内,采用 TDR 法测定畦田距离畦首 20 m、60 m、100 m 处 0~100 cm 土层土壤含水率,其中 0~40 cm 每 10 cm 为一层,40~100 cm 每 20 cm 为一层,在夏玉米不同生育期开始和结束时以及灌水前 1 天、灌水后 2 天进行水分测量,降雨前后加测。

夏玉米全生育期间农田耗水量根据水分平衡法计算（彭正凯等，2018），见式（4-2）：

$$ET = H_1 - H_2 + M + P + K - R \qquad (4-2)$$

式中：ET 为农田耗水量，mm；H_1、H_2 为该时段前后 0～200 cm 土层内的贮水量，mm；M 为该时段内的灌水量，mm；P 为该时段内的降水量，mm；K 为地下水补给量，本试验地下水埋深大于 2.5 m，K 值可以忽略不计；R 为地表径流量，2019 年无地表径流，2020 年受台风影响，地表径流量为 275 mm。

利用籽粒产量计算水分利用效率（WUE），计算公式如下：

$$WUE = GY/ET \qquad (4-3)$$

式中：WUE 为水分利用效率，kg/（hm² · mm）；GY 为夏玉米籽粒产量，kg/hm²。

灌溉水利用效率（IWUE）计算公式如下：

$$IWUE = GY/M \qquad (4-4)$$

4.2.3　土壤贮水量的计算

土壤贮水量计算公式如下：

$$\Delta h = 10\left(\sum_{i=1}^{n} \Delta\theta_i \times Z_i\right) \qquad (4-5)$$

式中：Δh 为土壤贮水量，mm；$\Delta\theta_i$ 为某一土层土壤含水率；Z_i 为某一土层的土层厚度，cm。

4.2.4　夏玉米植株全氮含量与土壤硝态氮含量的测定

分别于拔节期、抽雄期、灌浆期、成熟期取样，每个小区分别选取距畦首 0～40 m、40～80 m、80～120 m 的代表性植株 4 株，取植株地上部分，拔节期地上部分整株保存，抽雄期植株分为叶片、茎秆，灌浆期和成熟期植株分为叶片、茎秆、籽粒、穗轴，105 ℃杀青，80 ℃烘干至恒重，测定其干物质积累量，研磨成粉之后经过浓硫酸消煮，采用半微量凯氏定氮法测定全氮含量。

于夏玉米播种前、拔节期、灌浆期灌水施肥后 3 天，选取各处理距离畦首 10 m、40 m、80 m 处，每处距离畦田边缘 10 cm、30 cm、50 cm、70 cm 的 0～100 cm 的土样，其中 0～40 cm 每 10 cm 为一层，40～100 cm 每 20 cm 为一层，土样混匀装入铝盒，迅速放置在−20 ℃的冰柜中冷冻保存。测定土壤硝态氮含量时，将土样解冻之后混匀过 2 mm 筛，称取 12 g 过筛后的土样，用 KCl 溶液浸

提,用全自动连续流动分析仪进行测定,每个土样 3 次重复。硝态氮积累量计算公式为

$$M_N = CH\rho_b/10 \tag{4-6}$$

式中:M_N 为土壤硝态氮积累量,kg/hm²;C 为土层硝态氮的含量,mg/kg;H 为土壤土层厚度,cm;ρ_b 为土壤容重,g/cm³。

4.2.5　夏玉米土壤水分与硝态氮分布均匀度的计算

拔节期灌水追肥后土壤水分与硝态氮分布均匀度均可采用克里斯琴森均匀系数 C_u(赵东彬等,2011;宋兆云,2018;吴祥运,2020)表示,计算公式为

$$C_u = 1 - \frac{\sum_{i=1}^{n} |\theta_i - \overline{\theta}|}{N\overline{\theta}} \tag{4-7}$$

式中:C_u 为克里斯琴森均匀系数;$\overline{\theta}$ 为各点的平均土壤含水率(%)或平均硝态氮含量(mg/kg);θ_i 为各点的土壤含水率(%)或硝态氮含量(mg/kg);N 为测定点数。

4.2.6　氮肥利用效率的计算

氮素利用率计算公式(曹胜彪,2012)如下:

氮素收获指数(NHI,%)= 籽粒氮素积累量(kg/hm²)/植株氮素积累量(kg/hm²)

氮肥农学利用率(NAE,kg/kg)= [施氮区籽粒产量(kg/hm²)-不施氮区籽粒产量]/施氮量(kg/hm²)× 100%

氮肥利用率(NUE,%)= [施氮区地上部总吸氮量(kg/hm²)-不施氮区地上部总吸氮量(kg/hm²)]/施氮量(kg/hm²)× 100%

氮肥偏生产力(NPFP,kg/kg)= 施氮区籽粒产量(kg/hm²)/施氮量(kg/hm²)

营养器官氮素转运量(NTA,kg/hm²)= 抽雄营养器官氮素积累量(kg/hm²)-成熟期营养器官氮素积累量(kg/hm²)

氮素转运效率(NTE,%)= 营养器官氮素转运量(kg/hm²)/抽雄期营养器官氮素积累量(kg/hm²)

氮素转运对籽粒贡献率(NCP,%)= 营养器官氮素转运量(kg/hm²)/籽粒

氮素积累量(kg/hm²)

4.2.7　夏玉米籽粒产量及产量构成因素的测定

每个处理分别选取距畦首 0~40 m、40~80 m、80~120 m 田块中长势均匀的地段,每个地段的面积为 1.8 m×4 m=7.2 m²,选取 10 株具有代表性的夏玉米进行室内考种,自然风干至籽粒含水率为 12.5% 左右,测定产量及其构成因素,测量夏玉米穗数、穗行数与行粒数,脱粒后测定总重和百粒重。

4.2.8　数据统计与分析

采用 Microsoft Excel 2016 整理和计算数据,用 SPSS Statistics 25 软件统计分析,用 Origin 2018 和 Microsoft Excel 2016 作图。

4.3　结果与分析

4.3.1　各处理对夏玉米水分分布和农田耗水量的影响

4.3.1.1　夏玉米全生育期灌水量分析

2019 年和 2020 年各处理夏玉米全生育期的灌水情况如表 4-3 所示,2019 年于播种期、拔节期、抽雄期灌水施肥,W_1 灌水模式肥随水施,W_2 灌水模式采用均匀撒施,2020 年受台风影响,于播种期和拔节期灌水施肥,抽雄期各处理均不灌水,氮肥在降雨前均匀撒施,2019 年灌溉定额大于 2020 年。在 W_1 灌水模式下,2019 年灌溉定额为 113.78~128.57 mm,灌溉定额随施氮量的增加先减少后增多,较 N_0 处理,N_{150}、N_{240}、N_{300}、N_{330} 处理灌溉定额依次减少 3.18%、11.5%、7.19%、6.33%,N_{240} 处理夏玉米全生育期灌溉定额最小,继续增加施氮量会增加灌溉定额;2020 年,灌溉定额随施氮量的增加无明显趋势。与畦灌相比,管渠自动控水灌溉节水效果显著,2019 年和 2020 年可分别节水 36.51% 和 39.5%,播种期可减少灌水量 26.34~29.28 mm,拔节期可减少灌水量 15.04~18.97 mm。

表 4-3 2019 年和 2020 年各处理夏玉米全生育期灌水量和施氮量

年份	处理		灌水量/mm				施氮量/(kg/hm^2)			
			播种期	拔节期	抽雄期	总量	基肥	拔节期	抽雄期	总量
2019	W$_1$	N$_0$	31.76	49.14	47.67	128.57	0	0	0	0
		N$_{150}$	31.76	47.28	45.44	124.48	50	50	50	150
		N$_{240}$	31.76	41.44	40.58	113.78	80	80	80	240
		N$_{300}$	31.76	43.17	44.40	119.33	100	100	100	300
		N$_{330}$	31.76	43.44	45.23	120.43	110	110	110	330
	W$_2$	N$_{300}$	58.10	62.14	67.72	187.96	100	100	100	300
2020	W$_1$	N$_0$	38.54	29.26	0	67.80	0	0	0	0
		N$_{150}$	38.54	22.48	0	61.02	50	50	50	150
		N$_{240}$	38.54	25.32	0	63.86	80	80	80	240
		N$_{300}$	38.54	29.34	0	67.88	100	100	100	300
		N$_{330}$	38.54	26.16	0	64.70	110	110	110	330
	W$_2$	N$_{300}$	67.82	44.38	0	112.20	100	100	100	300

4.3.1.2 夏玉米田 0~100 cm 土层土壤剖面水分分布特征

土壤水是作物生长和生存的物质基础,土壤水作为矿质肥力的载体,起到运输矿质养分的作用,土壤中水分的分布状况能够影响作物的生长和发育,进而影响粮食作物的产量。图 4-2 显示了 2019 年 W$_1$ 灌水模式下不同施氮量不同时期夏玉米田 0~100 cm 土壤剖面水分分布情况,可以看出,在拔节期、灌浆期与成熟期,施氮水平为 N$_{150}$、N$_{240}$、N$_{300}$、N$_{330}$ 的处理,夏玉米田 0~100 cm 土层土壤受灌水量和施氮量的影响,土壤含水率虽有差异,但土壤剖面水分分布规律较为相似。W$_1$ 灌水模式下 N$_{150}$、N$_{240}$、N$_{300}$、N$_{330}$ 处理在拔节期各土层含水率均小于 N$_0$ 处理,出现这种情况的原因可能是施加氮肥有利于夏玉米植株的生长发育,促进根系吸收土壤水分。拔节期 W$_1$ 灌水模式下 N$_{240}$ 处理 0~100 cm 土层土壤含水率显著低于 N$_{150}$、N$_{300}$ 处理,但抽雄期—成熟期 N$_{240}$ 处理 0~100 cm 土层土壤含水率显著高于 N$_0$、N$_{150}$、N$_{300}$、N$_{330}$ 处理。

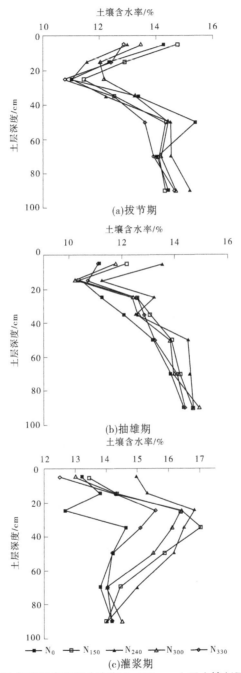

图 4-2　2019 年夏玉米不同生育期 0~100 cm 土层土壤剖面水分分布

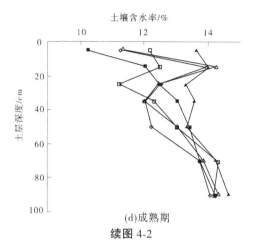

(d)成熟期

续图 4-2

各处理夏玉米各时期土壤含水率 0~60 cm 土层水分波动范围较大,拔节期—成熟期呈现出减小—增大—减小的趋势,60~100 cm 土层土壤含水率波动范围较小,原因是玉米根系主要分布在 0~40 cm 土层,优先消耗该土层内的贮水量。与灌浆期 0~60 cm 土壤含水率相比,N_0、N_{150}、N_{240}、N_{300}、N_{330} 处理成熟期 0~60 cm 土壤含水率分别降低 9.6%、20.6%、8.1%、16.6%和 14.1%。夏玉米全生育期内,土壤含水率的最大值出现在灌浆期,最小值出现在成熟期,原因是抽雄进行了补灌且吐丝期降水量较大,提高了土壤含水率,为夏玉米灌浆期植株生长和籽粒灌浆提供了充足的水分,成熟期土壤含水率较小是因为灌浆期夏玉米田间蒸发蒸腾大量水分,灌浆期—成熟期降水量较少且未进行灌溉,使得土壤含水率下降。N_0 处理抽雄期—成熟期土壤含水率均低于其他施氮处理,说明水是养分的溶剂和运动的载体,施氮能够增加土壤养分含量,有利于作物吸收利用,减少作物耗水量,N_{240} 处理抽雄期和灌浆期均保持较高的土壤含水率,说明适当减氮可减少作物耗水量,有利于作物生长发育。

4.3.1.3　夏玉米拔节期灌水后沿畦长方向土壤水分分布均匀度

2019 年夏玉米不同施氮处理拔节期灌水后第 3 天夏玉米田水平方向的水分分布如图 4-3 所示,相较于 W_2 灌水模式,W_1 灌水模式可以显著提高夏玉米灌水均匀度,W_2 灌水模式 0~100 cm 土层土壤含水率距畦首远大于畦尾,主要原因是长畦灌溉水流推进速度慢,畦田首部受水时间长,深层渗漏量大、水量浪费严重,畦田尾部灌水量显著性减少,管渠自动控水灌溉通过管渠输送水,灌水质量不受畦田长度的影响,水从管渠溢出后,向畦田两边产生横向流动,田间扩散距离为畦宽的一半,避免了灌溉水的深层渗漏,同时提高了灌水均匀度。W_1 灌水模式下各处理在水平方向和竖直方向的土壤含水率情况基本一致,各点的土壤含水率值存在差异。适当灌水可以显著提高土壤表层的水分含量,从水平方向来看,0~100 cm 土层土壤含水率随着距离畦首距离的增大而逐渐减小,主要表现在 0~40 cm 土层,以 N_{300} 处理为例,相较于距畦首 100 m 点处,距畦首 20 m 和 60 m 处 0~40 cm 土层土壤水分含量分别增加 8.08% 和 4.15%,原因是畦田表面部分区域凹凸不平,管渠材质为 PVC,水流通过会产生变形,使得部分水流溢出,畦尾部灌水量减小。

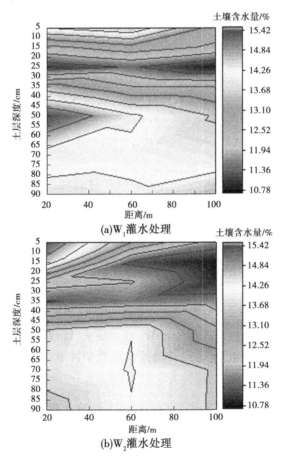

(a)W_1 灌水处理

(b)W_2 灌水处理

图 4-3　夏玉米田土壤水分分布均匀度

　　综上所述,W_1 灌水模式能够显著提高夏玉米的灌水均匀度,减少深层渗漏,保证灌水质量,虽受畦田表面平整度的影响,灌水均匀度略有差异,但整体来看,W_1 灌水模式能够显著提高土壤含水率的空间分布均匀度,显著改善了

W_2 灌水模式畦首水量过多,畦尾水量不足、分布不均的现象,灌水均匀度(克里斯琴森均匀系数)均在 0.85 以上。

4.3.1.4　夏玉米全生育期农田耗水量分析

2019 年夏玉米全生育期农田耗水量如图 4-4 所示,在施氮量为 N_{300} 条件下,W_1 灌水处理农田耗水量显著低于 W_2 处理,农田耗水量降低 16.57%,原因是管渠自动控水灌溉使灌溉水流迅速由畦田中间向两边扩散,相对于畦灌减少了灌溉水在土壤表层的长时间滞留,降低了株间蒸发量,使得农田耗水量减少,长畦灌溉,水流推进时间较长,畦田首部受水时间长,入渗水量大、深层渗漏量大、水量浪费严重。在 W_1 灌水模式下,农田耗水量随施氮量的增加呈现先增大后减小的规律,在 $N_{240} \sim N_{300}$ 达到最小值,相较于 N_0 处理,N_{150}、N_{240}、N_{300}、N_{330} 农田耗水量分别减少 3.64%、6.95%、4.41%、3.66%,管渠自动控水灌溉条件下适当施氮能够减少农田耗水量,在传统施氮水平上适当减少施氮量有利于减少农田耗水量。

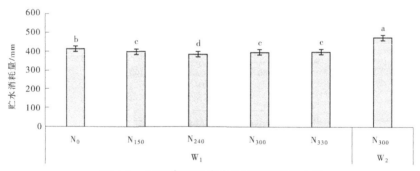

图 4-4　2019 年夏玉米全生育期农田耗水量

综上所述,W_1 灌水模式相较于 W_2 灌水模式,能够减少农田耗水量,适当施氮能够减少农田耗水量,管渠自动控水灌溉条件下在传统施氮水平上适当减氮有利于减少农田耗水量。

4.3.2　各处理对夏玉米硝态氮分布的影响

4.3.2.1　夏玉米田 0~100 cm 土壤剖面硝态氮分布特征

土壤中硝态氮的分布情况会影响夏玉米对土壤氮素的吸收和利用,最终对夏玉米的生长发育和产量产生影响。管渠自动控水灌溉模式下不同施氮处理夏玉米各生育期 0~100 cm 土层剖面土壤硝态氮含量如图 4-5 所示。由图 4-5 可以看出,各生育期 0~100 cm 土层剖面硝态氮含量各处理所呈现的规

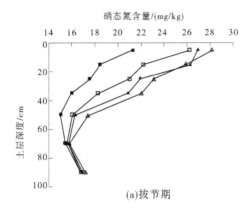

(a)拔节期

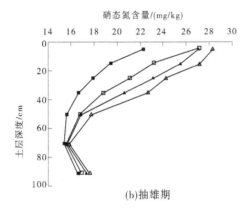

(b)抽雄期

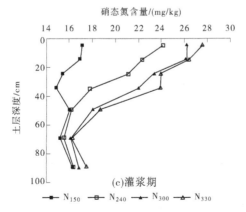

(c)灌浆期

■ N₁₅₀　□ N₂₄₀　▲ N₃₀₀　△ N₃₃₀

图 4-5　2019 年夏玉米各生育期 0~100 cm 土层剖面土壤硝态氮含量

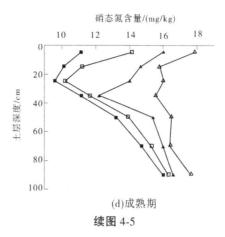

(d)成熟期

续图 4-5

律相似,0~60 cm 土层土壤硝态氮含量随土层深度的不断增加呈现逐渐降低的趋势,60~100 cm 土层土壤硝态氮含量较为稳定,各时期 40~100 cm 土层硝态氮含量略有增加。各处理 0~60 cm 土层随施氮量的增加,各土层土壤硝态氮含量逐渐变大,60~100 cm 土层无显著性差异。不同施氮条件下,与 N_{150} 处理相比,N_{240}、N_{300}、N_{330} 处理 0~60 cm 土层平均土壤硝态氮含量于拔节期分别提高 15.47%、24.28%、29.43%,抽雄期分别提高 14.48%、20.55%、27.67%,灌浆期分别提高 21.82%、38.29%、44.12%,成熟期分别提高 9.13%、27.29%、42.61%,60~100 cm 土层土壤硝态氮含量各时期变化不明显,出现这种情况的原因是拔节期夏玉米根系分布较浅,对土壤中氮素需求较少,但适宜的高水氮条件更有利于植株生长,拔节期—成熟期,0~60 cm 土层土壤硝态氮含量明显减少,但 60~100 cm 土层硝态氮含量并未明显增大,这是因为夏玉米根系主要分布在 0~40 cm 土层,无法吸收利用深层土壤中的氮素。拔节期—成熟期植株生长对土壤水氮需求量较大,且 2019 年降水量较少,减少了硝态氮向深层土壤的运移。自拔节期—成熟期 N_{150}、N_{240}、N_{300}、N_{330} 处理 0~60 cm 土层土壤含氮量分别减少 32.89%、36.58%、31.27%、26.06%,抽雄期—成熟期 0~60 cm 土层土壤含氮量分别减少 35.42%、38.44%、31.81%、27.87%,原因是在抽雄期进行了追肥,成熟期土壤含氮量最低,是由于灌浆期籽粒灌浆对氮素的需求量大,植株对土壤中的氮素吸收利用,使得土壤含氮量降低。

综上所述,适当减少灌水量能够避免硝态氮淋溶向深层土壤的运移,减少表层的硝态氮随水分入渗到土壤下层,造成氮素损失和环境污染。适宜的水氮条件有利于植株生长,夏玉米拔节期—灌浆期植株氮素需求量大,该时段应保证 0~60 cm 土层氮素的供给。

4.3.2.2　夏玉米拔节期灌水后沿畦长方向土壤硝态氮分布均匀度

2019 年夏玉米不同施氮处理拔节期灌水后第 3 天夏玉米田水平方向的土壤硝态氮分布如图 4-6 所示,相较于 W_2 灌水模式, W_1 灌水模式可以显著提高夏玉米水平方向硝态氮分布均匀度, W_2 灌水模式距畦首 40 ~ 80 m 处 0 ~ 100 cm 土层土壤硝态氮含量远大于畦首,主要原因是长畦灌溉水流从畦首缓慢向畦尾推进,畦灌的施肥方式为均匀撒施,畦田首部受水时间长,氮肥随水流往畦田中段迁移,由于畦首受水时间长,水量浪费严重,畦田中段水量显著性减少,氮肥含量显著性增大,随着水流推进,畦田尾部土壤含氮量相应增大。管渠自动控水灌溉通过管渠随水施肥,不受畦田长度的影响,水肥从管渠溢出后,向畦田两边产生横向流动,提高了灌水均匀度。 W_1 灌水模式下各处

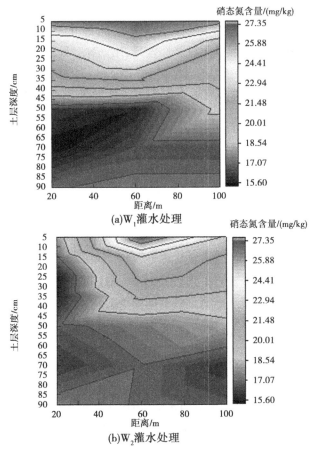

图 4-6　2019 年夏玉米田土壤硝态氮分布均匀度

理土壤硝态氮含量在水平方向和竖直方向基本一致,各点的土壤硝态氮含量存在差异。以 N_{300} 处理为例,距畦首 20 m、60 m 和 100 m 处 0～40 cm 土层土壤硝态氮含量无显著性差异。

综上所述,W_1 灌水模式能够显著提高夏玉米的硝态氮分布均匀度,保证施肥质量,虽受畦田表面平整度的影响使得硝态氮分布均匀度略有差异,但整体来看,相较于畦灌,管渠自动控水灌溉可以显著提高夏玉米水平方向硝态氮分布均匀度,各处理的克里斯琴森均匀系数在 0.8 以上,W_1 灌水模式呈现了较高的硝态氮分布均匀性。

4.3.2.3　收获后 0～100 cm 土层土壤硝态氮积累量

2019 年夏玉米收获后夏玉米田 0～100 cm 土层土壤硝态氮积累量如图 4-7 所示,夏玉米收获后土壤硝态氮积累量随施氮量的增加而增大,0～100 cm 土层土壤硝态氮积累量在 208.88～264.71 kg/hm²,N_{150}、N_{240} 处理 0～100 cm 土层土壤硝态氮积累量无显著性差异,N_{300}、N_{330} 处理显著性高于 N_{150}、N_{240} 处理,较 N_{300} 处理,N_{150}、N_{240} 处理分别降低了 14.39% 和 9.2%,N_{330} 处理 0～100 cm 土层土壤硝态氮积累量增加 8.5%,其中 N_{300}、N_{330} 处理无显著性差异。

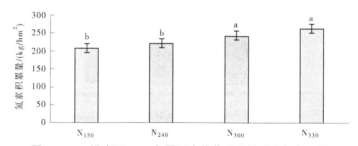

图 4-7　W_1 模式下 2019 年夏玉米收获后土壤硝态氮积累量

综上所述,施氮量对夏玉米收获时 0～100 cm 土层土壤硝态氮积累量影响显著,硝态氮积累量随施氮量的增加而增大。

4.3.3　不同施氮量对夏玉米形态生理指标的影响

4.3.3.1　不同施氮量对夏玉米株高的影响

株高可以反映作物的生长状况,2019 年和 2020 年 W_1 灌水模式下不同施氮量处理各生育期株高情况见图 4-8。由图 4-8 可以看出,2019 年各生育期夏玉米株高随施氮量的增加呈先增大后降低的趋势,距离畦首 0～40 m、40～80 m、80～120 m 各时期长势趋势相似,以畦田 0～40 m 处为例,W_1 灌水模式下,拔节期较不施氮 N_0 处理,N_{150}、N_{240}、N_{300}、N_{330} 处理株高分别增加 7.14%、

14.29%、12.24% 和 10.71%,适当施氮能够促进播种期—拔节期夏玉米的生长,施氮量在 0~330 kg/hm² ,随着施氮量的增加对株高的作用先是促进再到抑制,最高点在 240 kg/hm² ,拔节期—抽雄期夏玉米株高增长迅速,较拔节期,N_0、N_{150}、N_{240}、N_{300}、N_{330} 处理夏玉米株高分别增长 107.14%、111.43%、112.5%、112.73%、111.06%,株高增长在 105.02~126.44 cm,较不施氮 N_0 处理,N_{150}、N_{240}、N_{300}、N_{330} 处理株高分别增加 4.23%、11.74%、9.86%、7.51%,不施氮 N_0 处理抽雄期株高及株高增长量明显低于施氮处理,说明氮肥有利于夏玉米植株的生长。灌浆期不同施氮处理的夏玉米株高在 218~240 cm,不施氮处理夏玉米株高明显小于其他施氮处理,施氮量在 240~300 kg/hm² 时,对株高的促进作用最显著。

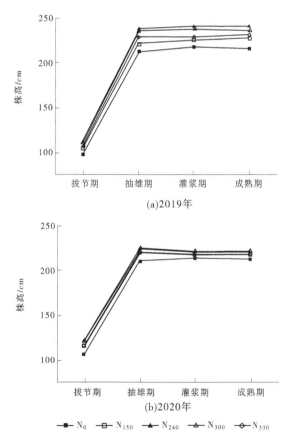

(a)2019年

(b)2020年

■ N_0　□ N_{150}　▲ N_{240}　△ N_{300}　◇ N_{330}

图 4-8　不同施氮量对夏玉米株高的影响

2020 年畦田 0~40 m 处,W_1 灌水模式下,拔节期各处理株高趋势同 2019 年相似,但各处理间的株高存在差异,不同施氮处理的夏玉米株高在 106~121 cm,整体来看 2020 年拔节期各处理株高均高于 2019 年,原因是 2020 年播种期—拔节期降雨次数以及降雨量大于 2019 年,促进了拔节期夏玉米的生长,说明播种期—拔节期,土壤水含量对夏玉米生长影响显著。播种期—灌浆期夏玉米株高及株高增长量显著低于 2019 年,原因是 2020 年拔节期—灌浆期受台风影响,降水次数多且降水量大,硝态氮淋溶向深层土壤运移,土壤表层的硝态氮随水分入渗到土壤下层,造成氮素损失,影响夏玉米植株的生长。

综上所述,灌水次数和灌水量会影响氮素作用的发挥,灌溉水量过多,会造成氮素损失,施氮量在 240~300 kg/hm² 有利于夏玉米植株的生长,对夏玉米的生长起促进作用。

4.3.3.2　不同施氮量对夏玉米茎粗的影响

2019 年管渠自动控水灌溉模式下不同施氮处理夏玉米各生育时期的茎粗动态变化如图 4-9 所示,不同施氮量处理夏玉米各时期茎粗变化基本一致,距离畦首 0~40 m、40~80 m、80~120 m 处各时期茎粗长势趋势相似,播种期—拔节期夏玉米茎粗快速增长,拔节期—抽雄期夏玉米茎粗增长速度减缓,到抽雄期达到最大值,各处理最大茎粗在 21.03~27.5 mm。施氮促进了夏玉米茎粗的增长,以畦田 0~40 m 处为例,在施氮量为 300 kg/hm² 条件下,W_1 灌水处理与 W_2 灌水处理拔节期和抽雄期夏玉米茎粗无显著性差异,但灌浆期与成熟期 W_1 灌水处理夏玉米茎粗显著高于 W_2 灌水处理。在 W_1 灌水模式下,增施氮肥能够显著提高夏玉米各时期的茎粗,灌浆期和成熟期以施氮量为 300 kg/hm² 对夏玉米茎粗的影响最为显著,拔节期较不施氮 N_0 处理,N_{150}、N_{240}、N_{300}、N_{330} 处理夏玉米茎粗分别增加 24.02%、37.65%、40.33%、39.18%,拔节期—抽雄期各处理茎粗分别增长 23.53%、19.05%、14.89%、14.58%、16.03%,均在抽雄期达到茎粗最大值,抽雄期—成熟期各处理茎粗不同程度的减小,茎粗差异与抽雄期相似,出现这一情况的原因一是夏玉米营养器官生长旺盛,玉米茎秆中的水分和养分向营养器官转移;二是玉米生长后期,玉米茎秆细胞脱水老化。

综上所述,W_1 与 W_2 灌水模式下各处理均只在拔节期与抽雄期进行补灌且 W_2 补灌水量大于 W_1 补灌水量,在抽雄期后不进行灌水,说明 W_1 灌水模式更有利于夏玉米对水分的利用,能够显著提高夏玉米茎粗,管渠自动控水灌溉模式下,施氮对夏玉米整个生育期茎粗影响显著,适量施氮有利于茎秆生长发育。

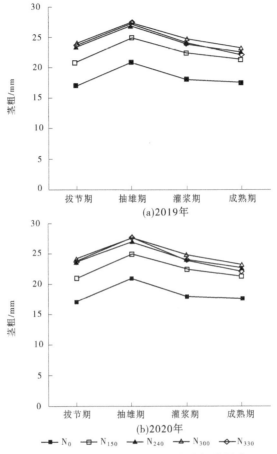

(a)2019年

(b)2020年

$\blacksquare$ N$_0$　$\square$ N$_{150}$　$\blacktriangle$ N$_{240}$　$\triangle$ N$_{300}$　$\lozenge$ N$_{330}$

图 4-9　不同施氮量对夏玉米茎粗的影响

4.3.3.3　不同施氮量对夏玉米叶面积指数的影响

叶面积指数(LAI)可以反映夏玉米叶面积的变化趋势,其与夏玉米的光合作用、呼吸作用、蒸腾作用等生理过程和生物量的形成密切相关,控制合理的 LAI 有利于提高作物产量,获得高产。2019 年和 2020 年夏玉米 W$_1$ 灌水模式下不同施氮处理不同时期叶面积指数(LAI)变化如图 4-10 所示,夏玉米各生育期不同施氮处理 LAI 变化趋势相似,LAI 先增大后减小,在抽雄期达到最大值,LAI 随着施氮量的增加先增大后减小,施氮量在 240~300 kg/hm^2 时出现最大值。

2019 年,夏玉米 LAI 增长速率最快的时期是播种期—拔节期,拔节期—抽雄期 LAI 增长速率减缓,并在抽雄期达到最大值,抽雄期之后 LAI 逐渐减小。距离畦首 0~40 m、40~80 m、80~120 m 处各时期茎粗长势趋势相似,以

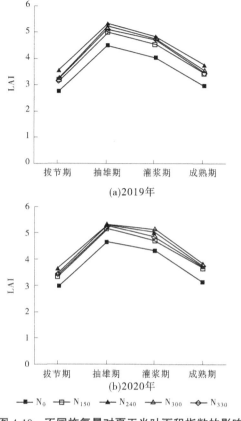

(a)2019年

(b)2020年

■— N_0　□— N_{150}　▲— N_{240}　△— N_{300}　◇— N_{330}

图4-10　不同施氮量对夏玉米叶面积指数的影响

畦田0~40 m处为例,拔节期与不施氮 N_0 处理相比, N_{150}、N_{240}、N_{300}、N_{330} 处理 LAI 分别增加 14.1%、28.42%、18.13%、16.7%,施氮有利于增大夏玉米的叶面积,提高夏玉米光合效率,但过量施氮对夏玉米叶片的生长起一定的抑制作用,不利于叶片生长。拔节期—抽雄期不同施氮处理 LAI 分别增大 63.87%、59.22%、51.94%、60.33%、63.21%,增长量在 1.82~2.05,且均在抽雄期达到最大值,其中施氮量在 240~300 kg/hm² 时,LAI 出现最大值。灌浆期各处理 LAI 与抽雄期相比均有所降低,各施氮处理分别降低 7.17%、8.24%、5.37%、9.43%、7.69%,成熟期夏玉米叶片脱水变黄,叶面积减小,LAI 下降速率较大。

2020 年,夏玉米播种期—拔节期增长迅速,拔节期夏玉米 LAI 较 2019 年增长 1.68%~5.71%,主要原因是 2019 年夏玉米拔节期降水少,2020 年降水次数多且降水量较大,更加适宜夏玉米的生长,但拔节期—抽雄期夏玉米 LAI

增长率显著低于 2019 年,原因是 2020 年拔节期—抽雄期,连续的阴雨台风天气,减弱了夏玉米的光合作用,使得夏玉米生长速度减缓,过大的降水量使得土壤表层的硝态氮随水分入渗到土壤下层或随地表径流迁移流失,造成氮素损失,影响夏玉米植株的生长。

综上所述,施氮量在夏玉米拔节期、抽雄期、灌浆期、成熟期均对夏玉米叶面积指数产生显著影响,保持充足的土壤含水率均能够促进夏玉米叶片的生长。

4.3.4 不同施氮量对夏玉米干物质积累和产量构成的影响

4.3.4.1 不同施氮量对地上部夏玉米干物质积累的影响

2019 年不同生育期夏玉米干物质积累量如表 4-4 所示。由表 4-4 可知,抽雄期施氮量为 300 kg/hm² 时,W_1 灌水处理与 W_2 灌水处理茎秆与叶片干物质积累均无显著性差异,原因是各处理均在拔节期和抽雄期进行补灌,且 W_2 灌水处理补灌量显著高于 W_1 灌水处理,2019 年播种期—抽雄期降水量少,W_1 灌水处理在此时期内产生轻度的干旱胁迫。W_1 灌水模式下,N_0 处理不同时期茎秆、叶片及籽粒干物质积累量均低于其他施氮处理,相较于 N_0 处理,N_{150}、N_{240}、N_{300}、N_{330} 处理抽雄期群体干物质积累量分别增加 8.03%、13.37%、14.33%、13.32%,其中茎秆干物质积累量分别增加 6.5%、10.33%、10.53%、9.89%,相对于 N_0 处理,施氮能够显著增加夏玉米抽雄期茎秆干物质积累量,但各施氮处理,随着施氮量的增加,茎秆干物质积累无显著性差异。叶片干物质积累量分别增加 10.14%、18.41%、21.00%、19.31%,说明施氮能促进夏玉米播种期—抽雄期的生长发育,增加夏玉米抽雄期地上部干物质积累,施氮量 240 kg/hm² 继续增加施氮量,对夏玉米叶片生长影响不显著。

在施氮量为 300 kg/hm² 条件下,W_1 灌水处理成熟期夏玉米茎秆和籽粒干物质积累量均显著高于 W_2 灌水处理,与 W_2 灌水处理相比,W_1 灌水处理成熟期茎秆干物质积累量和籽粒干物质积累量分别增加 2.04% 和 5.51%,说明 W_1 灌水模式更有利于夏玉米的生长发育和籽粒的形成,提高产量。W_1 灌水模式下,施氮能够显著增加地上部干物质积累,但在施氮量达到一定程度后,随着施氮量的增加,地上部干物质积累量增加幅度不明显甚至出现降低的趋势,较 N_0 处理,N_{150}、N_{240}、N_{300}、N_{330} 处理成熟期地上部群体干物质积累量分别增加 10.79%、21.06%、21.51%、19.36%,茎秆干物质积累量分别增加 3.49%、9.91%、10.44%、9.34%,其中 N_{240}、N_{300}、N_{330} 处理茎秆干物质积累量无显著性差异,叶片干物质积累量分别增加 13.96%、24.24%、24.89%、29.05%,成熟期叶片干物质积累量随施氮量的增加而增大,其中 N_{240}、N_{300} 处理无显著性差异,籽粒干物质积累量分别增加 14.5%、27.18%、27.52%、23.05%,施氮量达到 240 kg/hm²,继续增加施氮量,籽粒增产效果不显著,超过 300 kg/hm²,夏玉米籽粒产量显著下降。与 W_2 灌水模式相比,W_1 灌水模式下 N_{150}、N_{240}、N_{300}、N_{330} 处理可以提高籽粒在成熟期干物质中的分配比例,籽粒干物质积累量最高值在施氮量为 240~300 kg/hm²。

表 4-4　不同生育期夏玉米干物质积累量

生育时期	处理		茎秆		叶片		籽粒	
			干重/(kg/hm²)	占总重比/%	干重/(kg/hm²)	占总重比/%	干重/(kg/hm²)	占总重比/%
抽雄期	W_1	N_0	3 417.93c	56.48	2 001.01d	34.39	—	—
		N_{150}	3 640.02b	56.50	2 203.95c	34.21	—	—
		N_{240}	3 770.88ab	55.65	2 369.33b	35.17	—	—
		N_{300}	3 777.85ab	56.90	2 421.21ab	34.02	—	—
		N_{330}	3 755.86ab	55.58	2 387.40b	35.33	—	—
	W_2	N_{300}	3 837.99a	57.02	2 528.03a	33.75	—	—
成熟期	W_1	N_0	5 158.27d	33.04	2 190.39d	14.03	8 263.53e	52.93
		N_{150}	5 338.13c	30.86	2 496.09c	14.43	9 461.95d	54.70
		N_{240}	5 669.62ab	30.00	2 721.42b	14.40	10 509.59a	55.61
		N_{300}	5 696.73a	30.03	2 735.49b	14.42	10 537.91a	55.55
		N_{330}	5 640.22ab	30.27	2 826.63a	15.17	10 168.05b	54.57
	W_2	N_{300}	5 582.82b	30.48	2 743.79b	14.98	9 987.90c	54.53

注:每列中字母相同者表示差异未达显著水平($P>0.05$),字母不同者表示差异达显著水平($P<0.05$),下同。

综上所述,W_1 灌水模式更有利于夏玉米生长发育和籽粒干物质积累,过量施氮对夏玉米生长以及籽粒干物质积累起抑制作用,施氮量在 240~300 kg/hm² 时能够增加夏玉米营养器官干物质积累所占比重和提高夏玉米籽粒产量。

4.3.4.2　不同施氮量对夏玉米产量和产量构成的影响

2019 年夏玉米产量及产量构成见表 4-5,在施氮量为 300 kg/hm² 条件下,W_1 灌水处理穗数和产量显著高于 W_2 灌水处理,但穗行数、行粒数以及百粒重无显著性差异,说明 W_1 灌水处理能够提高夏玉米成穗数,从而提高产量。

W_1 灌水模式下,N_{240}、N_{300} 处理夏玉米穗数显著高于其他处理,相较于 N_0 处理,N_{150}、N_{240}、N_{300}、N_{330} 处理夏玉米穗数分别增加 1.19%、2.32%、2.08%、1.75%,施用氮肥能够显著增加夏玉米成穗数,施氮量超过 240 kg/hm²,随着施氮量的增加,成穗数有所下降。少量施氮对穗行数无显著性影响,施氮量达到 240 kg/hm² 能够显著提高穗行数,但继续增加施氮量,对穗行数增加效果不显著,甚至略有降低的趋势,施氮能够显著提高夏玉米百粒重,相较于 N_0 处理,N_{150}、N_{240}、N_{300}、N_{330} 处理夏玉米百粒重分别增加 5.27%、9.53%、9.41%、7.49%,施氮量达到一定量后,继续增加,无法显著提高夏玉米籽粒百粒重,N_{150} 处理与 N_{330} 处理穗行数、行粒数和百粒重均无显著性差异,说明氮肥施用量过多会对夏玉米产量构成要素产生抑制作用,不利于产量的增加。

表 4-5 夏玉米产量及产量构成

处理		穗数	穗行数	行粒数	百粒重/g	产量/ (kg/hm²)
W_1	N_0	63 825.06e	12.65b	30.96b	33.38c	8 263.53e
	N_{150}	64 586.67c	13.09b	32.17ab	35.14b	9 461.95d
	N_{240}	65 305.64a	13.61a	32.59a	36.56a	10 509.59a
	N_{300}	65 153.36ab	13.69a	32.67a	36.52a	10 537.91a
	N_{330}	64 940.30b	13.50ab	32.63a	35.88ab	10 168.05b
W_2	N_{300}	64 239.36d	13.58a	32.23ab	35.87ab	9 987.90c

综上所述,W_1 灌水模式能够显著提高夏玉米成穗数,有利于产量的提高。W_1 灌水模式下,施氮能够提高夏玉米的成穗数和百粒重,少量施氮对夏玉米穗行数和行粒数无显著性差异,过量施氮则会对夏玉米产量构成要素产生抑制作用,施氮量在 240~300 kg/hm² 对夏玉米产量构成要素的增加效果最为显著,有效提高夏玉米籽粒产量。

4.3.5 不同施氮量对夏玉米氮素积累与转运的影响

抽雄后夏玉米营养器官氮素的积累与转运情况见表 4-6,在施氮量为 300 kg/hm² 条件下,W_1 灌水处理抽雄期夏玉米茎秆氮素积累量显著高于 W_2 灌水处理,说明 W_1 灌水模式有利于植株茎秆抽雄期氮素积累,促进植株的生长,抽雄期夏玉米叶片氮素积累量与成熟期夏玉米茎秆、叶片氮素积累量 W_1 灌水处理与 W_2 灌水处理无显著性差异,原因是 2019 年夏玉米全生育期内降雨量较少,且只在拔节期与抽雄期进行补灌,W_2灌水处理补灌量大于W_1灌水处理,使得该时期对W_1灌水处理产生轻度的水分胁迫。W_1灌水模式下,施氮能够显著提高夏玉米各时期茎秆和叶片氮素积累量,相对于N_0处理,N_{150}、N_{240}、N_{300}、N_{330}处理抽雄期茎秆氮素积累量分别增加13.35%、28.37%、31.2%、30.53%,茎秆氮素积累量随施氮量的增加先增加后减小,叶片氮素积累量分别增加20.27%、36.56%、33.59%、32.4%,成熟期N_{150}、N_{240}、N_{300}、N_{330}处理抽雄期茎秆氮素积累量分别增加12.86%、26.32%、27.34%、26.35%,叶片氮素积累量分别增加15.78%、28.04%、29.22%、25.05%,其中N_{240}、N_{300}、N_{330}处理抽雄期叶片氮素积累量和成熟期茎秆、叶片氮素积累量无显著性差异,适当施氮能够提高夏玉米茎秆与叶片氮素积累量,但过度施氮效果不显著,甚至有降低的趋势。

表 4-6　抽雄后夏玉米营养器官氮素向籽粒中的转运

处理		营养器官氮素积累量/（kg/hm²）				氮素转运量/（kg/hm²）	氮素转运效率/%	氮素转运对籽粒贡献率/%
		抽雄期		成熟期				
		茎秆	叶片	茎秆	叶片			
	N_0	40.61f	47.37c	25.20c	20.40c	42.38c	47.77b	48.93a
	N_{150}	46.03e	56.97b	28.44b	23.62b	50.94b	49.78a	45.66b
W_1	N_{240}	52.13d	64.69a	31.83a	26.12a	58.87a	50.39a	42.27c
	N_{300}	53.28a	63.28a	32.09a	26.36a	58.11a	49.86a	41.32c
	N_{330}	53.01b	62.72a	31.84a	25.50a	58.72a	50.45a	43.63bc
W_2	N_{300}	52.28c	63.47a	30.93a	25.75a	59.07a	51.03a	44.51b

在施氮量为300 kg/hm²条件下,W_1灌水处理与W_2灌水处理营养器官氮素转运量与氮素转运效率无显著性差异,W_2灌水处理营养器官氮素转运对籽粒贡献率显著高于W_1灌水处理。W_1灌水模式下,相较于N_0处理,N_{150}、N_{240}、N_{300}、N_{330}处理营养器官氮素转运量分别提高20.2%、38.91%、37.12%、38.56%,N_{240}、N_{300}、N_{330}处理营养器官氮素转运量显著高于N_{150}处理,其中N_{240}、N_{300}、N_{330}处理之间无显著性差异,N_{150}、N_{240}、N_{300}、N_{330}处理之间营养器官氮素转运效率无显著性差异,均高于N_0处理,N_0处理营养器官氮素转运对籽粒贡献率显著高于其他施氮处理,N_{150}、N_{330}处理之间无显著性差异,N_{240}、N_{300}处理较N_0处理分别降低13.62%和15.57%,施氮能够提高夏玉米营养器官氮素转运量和转运效率,但氮素增加到一定量后继续增加施氮量,夏玉米营养器官氮素转运量、转运效率和氮素转运对籽粒贡献率增加效果不显著。

综上所述,W_1 灌水模式下,施氮能够显著提高夏玉米各时期茎秆和叶片氮素积累量,适当施氮能够提高夏玉米茎秆与叶片氮素积累量,提高夏玉米营养器官氮素转运量和转运效率,但过度施氮效果不显著,甚至有降低的趋势。

4.3.6 不同施氮量对夏玉米水氮利用效率的影响

4.3.6.1 不同施氮量对夏玉米水分利用效率与灌溉水利用效率的影响

2019 年和 2020 年水分利用效率和灌溉水利用效率见表 4-7,2019 年,在施氮量为 300 kg/hm² 条件下,W_1 灌水处理 WUE 和 IWUE 均显著高于 W_2 灌水处理,相较于 W_2 灌水处理,W_1 灌水处理 WUE 和 IWUE 分别提高 26.47% 和 66.19%,W_1 灌水处理能够显著提高水分利用效率,降低灌水量,提高灌溉水利用效率。在 W_1 灌水模式下,N_{240} 处理 WUE 和 IWUE 均显著高于其他处理,相较于 N_0 处理,N_{150}、N_{240}、N_{300}、N_{330} 处理 WUE 分别提高 18.81%、36.67%、33.38%、27.7%,IWUE 分别提高 18.27%、43.72%、37.4%、31.37%,适当增加施氮量能够显著提高 WUE 和 IWUE。施氮量为 240 kg/hm² 时均达到最大值,随着施氮量的继续增加,WUE 和 IWUE 又均显著降低。

表 4-7 水分利用效率和灌溉水利用效率

年份	处理		水分利用效率/ [kg/(hm²·mm)]	灌溉水利用效率/ [kg/(hm²·mm)]
2019	W_1	N_0	19.96f	64.27e
		N_{150}	23.72d	76.01d
		N_{240}	27.28a	92.37a
		N_{300}	26.62b	88.31b
		N_{330}	25.49c	84.43c
	W_2	N_{300}	21.05e	53.14f
2010	W_1	N_0	15.10e	112.85d
		N_{150}	18.25d	146.29c
		N_{240}	20.36b	155.85a
		N_{300}	20.75a	152.20b
		N_{330}	20.60ab	158.15a
	W_2	N_{300}	16.87c	83.04e

2020 年各处理 WUE 均低于 2019 年, IWUE 均高于 2019 年, 原因是 2020 年降水量大且受台风影响, 只在播种期与拔节期灌水, 灌溉定额小于 2019 年, W_1 灌水处理 WUE 和 IWUE 均显著高于 W_2 灌水处理。W_1 灌水模式下, N_{240} 处理与 N_{330} 处理 WUE 与 IWUE 无显著性差异, N_{240} 处理与 N_{330} 处理 WUE 无显著性差异, 其他处理显著性差异与 2019 年相似。

综上所述, W_1 灌水模式能够显著提高夏玉米 WUE 和 IWUE, W_1 灌水模式下, 施氮能够显著提高 WUE 和 IWUE, 且均在施氮量为 240 kg/hm² 时达到最大值, 继续增大施氮量则会使 WUE 和 IWUE 显著性降低。

4.3.6.2 不同施氮量对夏玉米氮肥利用效率的影响

2019 年夏玉米不同施氮量对夏玉米氮肥利用效率的影响见表 4-8, 施氮水平为 300 kg/hm² 时, W_1 灌水处理夏玉米籽粒氮素积累量、植株氮素积累量、氮素收获指数和氮肥偏生产力均显著高于 W_2 灌水处理, W_1 灌水模式更有利于夏玉米吸收利用氮素, 提高夏玉米对土壤中氮素的吸收利用量, 增加籽粒和植株氮素的积累。W_1 灌水模式下, 施氮能够显著增加夏玉米籽粒氮素积累量, 过量施氮则会使籽粒氮素积累量显著性降低, N_{240}、N_{300} 处理籽粒氮素积累量和植株氮素积累量无显著性差异, 且籽粒氮素积累量显著高于其他处理, 相较于 N_0 处理, N_{150}、N_{240}、N_{300}、N_{330} 处理籽粒氮素积累量可分别提高 22.33%、47.22%、51.78% 和 41.04%, 植株氮素积累量分别提高 19.65%、40.6%、44.02%、36.02%。N_{150}、N_{240}、N_{330} 处理氮素收获指数无显著性差异, 较 N_0 处理氮素收获指数显著性增加, N_{240}、N_{300} 处理无显著性差异, 且在施氮量为 300 kg/hm² 时取得最大值, 较 N_0 处理, N_{150}、N_{240}、N_{300}、N_{330} 处理氮素收获指数分别增加 2.24%、4.68%、5.38%、3.69%, N_{240} 处理的氮肥农学利用效率显著高于其他处理, 适当施氮可以增大夏玉米氮肥农学利用效率, 在 240 kg/hm² 时取得最大值, 继续增大施氮量, 氮肥农学利用效率随施氮量的增加显著降低。相较于传统施氮, 增大施氮量使得夏玉米氮肥利用量显著性降低, 适当减少施氮量可以提高夏玉米氮肥利用效率, 随着施氮量的增大, 氮肥偏生产力显著性降低。

综上所述, W_1 灌水模式更有利于夏玉米植株生长和对氮素的吸收利用, 在传统施氮量基础上适宜减少施氮量, 有利于夏玉米籽粒和植株氮素的积累, 获得较高的氮素收获指数、氮肥农学利用效率和提高氮肥利用效率。

表 4-8　氮素收获指数、氮肥农学利用效率、氮肥利用效率和氮肥偏生产力

处理		籽粒氮素积累量/（kg/hm²）	植株氮素积累量/（kg/hm²）	氮素收获指数/%	氮肥农学利用效率/（kg/kg）	氮肥利用效率/%	氮肥偏生产力/（kg/kg）
W₁	N₀	93.21d	138.81e	67.15c	—	—	—
	N₁₅₀	114.02c	166.08d	68.65b	7.99b	18.18b	63.08a
	N₂₄₀	137.22a	195.17ab	70.30ab	9.36a	23.48a	43.79b
	N₃₀₀	141.47a	199.92a	70.76a	7.58b	20.37ab	35.13c
	N₃₃₀	131.46b	188.81b	69.63b	5.77c	15.15b	30.81d
W₂	N₃₀₀	127.44b	184.12c	69.20b	—	—	33.29e

4.3.7　管渠自动控水灌溉条件下适宜的氮肥施用量

根据 2019 年和 2020 年试验结果,综合考虑夏玉米全生育期灌水方式和施氮量对夏玉米耗水量、产量、干物质积累和转运以及水氮利用效率的影响,管渠自动控水灌溉适宜的施氮量为 240 kg/hm²（2019 年）和 300 kg/hm²（2020年）,N_{240} 处理夏玉米全生育期灌溉定额最小（2019 年）,N_{150} 处理夏玉米全生育期灌溉定额最小（2020 年）,均表现为继续增加施氮量会增加灌溉定额,N_{240} 处理 2019 年全生育期耗水量较 N_0 处理减少 6.95%,N_{240}、N_{300} 处理能够显著提高夏玉米的株高、茎粗和叶面积,增加夏玉米营养器官干物质积累所占比重和提高夏玉米籽粒产量,WUE 提高 36.67%~37.42%,IWUE 提高 34.86%~43.72%,N_{240} 处理与 N_{300} 处理 NGA（籽粒氮素积累）、TNAA（氮素总积累量）、NHI（氮素收获指数）和 NUE（氮肥利用效率）无显著性差异。

施氮水平为 300 kg/hm² 时,W_1 灌水模式较 W_2 灌水模式 2019 年和 2020年可分别节水 36.51% 和 39.5%,农田耗水量减少 16.57%,WUE 提高 23.01%~26.46%,IWUE 提高 66.16%~82.49%,显著性提高夏玉米成穗数和产量,分别增加 1.42% 和 5.51%,W_1 灌水模式使水氮分布更加均匀,提高了灌水施肥的质量。通过 W_1、W_2 灌水模式各时期夏玉米生长发育和氮素积累转运可以看出,若要保证夏玉米的稳产和提高夏玉米产量,在干旱缺水年,必须进行补灌,可适当增加灌水次数和灌溉定额。

综上所述,W_1 灌水模式更有利于夏玉米生长发育,能够显著性减少灌水量和农田耗水量,同时提高了灌水施肥的质量和夏玉米籽粒产量,提高了水氮

利用效率,W₁灌水模式施氮量为240~300 kg/hm²,可以降低灌水量和农田耗水量,显著提高夏玉米株高、茎粗、叶面积,提高 WUE 和 IWUE,获得较高的 NGA、TNAA、NHI 和 NUE,提高夏玉米营养器官干物质积累所占比重和增加夏玉米籽粒产量。

4.4　讨　论

4.4.1　灌水模式和施氮量对夏玉米耗水特性的影响

土壤中水分是最活跃的因子,对土壤中养分的转化有着重要影响,直接影响着养分对作物生长的效果。本试验研究结果表明,2019 年夏玉米全生育期内降水量少,W₂灌水模式由于灌水量大,更适宜夏玉米前期的生长,但相对于W₁灌水模式农田耗水量增加 19.86%,所以在干旱年份 W₁灌水模式应适当增加灌水次数。肖俊夫等的研究结果表明,夏玉米全生育期需水量变化在350~400 mm,与本试验 W₁灌水模式夏玉米耗水量相似,W₂灌水模式由于灌溉水流由畦首推向畦尾,推进距离长,时间长,水量浪费严重,W₁灌水模式依靠电动机带动塞阀在管渠内匀速移动,减少了水流的深层渗漏。

鞠茜茜(2017)的研究结果表明,管渠自动控水灌溉相较于畦灌节水31.11%,本试验研究表明 2019 年和 2020 年可分别节水 36.51%和 39.5%,播种期可减少灌水量 26.34~29.28 mm,拔节期可减少灌水量 15.04~18.97 mm。前人研究结果表明,施氮量过少或过度施氮均会促进夏玉米耗水量的增加(谢英荷等,2012)。本试验研究结果与之相似,2019 年和 2020 年 W₁灌水模式下夏玉米耗水量随施氮量的增加先减小后增加,2019 年在施氮量为 240 kg/hm² 时达到最小值,2020 年在施氮量为 300 kg/hm² 时达到最小值,2020 年各处理夏玉米耗水量均高于 2019 年,主要原因是 2020 年受台风影响,强降水产生地表径流,使得部分氮素流失,同时降水次数多且降水量大,硝态氮淋溶向深层土壤运移,土壤表层的硝态氮随水分入渗到土壤下层,2019 年较 N₀ 处理,N₁₅₀、N₂₄₀、N₃₀₀、N₃₃₀ 处理灌溉定额依次减少 3.18%、11.5%、7.19%、6.33%,因此正常年份下适当减少施氮量有利于减少农田耗水量。

荣旭等(2020)通过不同灌水模式对夏玉米的影响研究发现,管渠自动控水灌溉水分利用效率比畦灌提高了 17.5%,本试验研究结果表明 W₁灌水模式 WUE 和 IWUE 均显著高于 W₂灌水模式,相较于 W₂灌水处理,W₁灌水处理 WUE 和 IWUE 分别提高 26.47%和 66.19%,说明 W₁灌水模式能够显著提高水分利用效率和灌溉水利用效率。在 W_1 灌水模式下，N_{240} 处理 WUE 和 IWUE 均显著高于其他处理，相较于 N_0 处理，N_{150}、N_{240}、N_{300}、N_{330} 处理 WUE 分别提高 18.81%、36.67%、33.38%、27.7%，IWUE 分别提高 18.27%、43.72%、37.4%、31.37%，说明适当增加施氮量能够显著提高 WUE 和 IWUE，且在施氮量为 240 kg/hm² 时达到最大值，过度施氮则会使 WUE 和 IWUE 显著降低。2020 年各处理 WUE 均低于 2019 年，IWUE 均高于 2019 年，原因是 2020 年降雨量大且受台风影响，只在播种期与拔节期灌水，灌溉定额小于 2019 年，W_1 灌水模式 WUE 和 IWUE 均显著高于 W_2 灌水模式，W_1 灌水模式下，N_{240} 处理与 N_{330} 处理 WUE 与 IWUE 无显著性差异，N_{240} 处理与 N_{330} 处理 WUE 无显著性差异，其他处理显著性差异与 2019 年相似。

4.4.2　灌水模式和施氮量对夏玉米氮素利用特性的影响

土壤中氮素大部分以硝态氮无机氮的形态残留于土壤中，硝态氮是作物吸收利用的主要形态。前人研究结果表明，夏季适量施氮可以促进作物生长发育，提高作物对氮素的吸收利用能力，但过量施氮不仅没有明显的增产效果，反而使大量硝态氮残留在土壤中，对环境造成威胁（王西娜等，2007）。本试验研究表明，W_1 灌水模式更有利于夏玉米对土壤氮素的吸收利用，相较于 W_2 灌水模式能够显著提高夏玉米籽粒氮素积累量、植株氮素积累量、氮素收获指数和氮肥偏生产力，提高夏玉米对土壤中氮素的利用量，增加籽粒和植株氮素的积累。施氮能够显著增加夏玉米籽粒氮素积累量，过量施氮则会使籽粒氮素积累量显著性降低。W_1 灌水模式下，N_{240}、N_{300} 处理籽粒氮素积累量和植株氮素积累量无显著性差异，籽粒氮素积累量显著高于其他处理，相较于 N_0 处理，N_{150}、N_{240}、N_{300}、N_{330} 处理籽粒氮素积累量可分别提高 22.33%、47.22%、51.78% 和 41.04%，植株氮素积累量分别提高 19.65%、40.6%、44.02%、36.02%。N_{150}、N_{240}、N_{330} 处理较 N_0 处理氮素收获指数显著性增加，N_{240}、N_{300} 处理无显著性差异，且在施氮量为 300 kg/hm² 时取得最大值。N_{240} 处理的氮肥农学利用效率显著高于其他处理，说明适当施氮可以增大夏玉米氮肥农学利用效率，但继续增加施氮量，氮肥农学利用效率会随施氮量的增加显著降低。

4.4.3　不同灌水模式对夏玉米水氮分布的影响

孟战赢（2008）研究发现，夏玉米生育期内补灌和追肥都有利于土壤水分在土层中的运移，其中对 0~40 cm 土层土壤含水率影响显著，60~100 cm 无显著性变化。本试验研究同样表明,W_1 灌水模式和 W_2 灌水模式 0~40 cm 土层平均含水率变化大于 60~100 cm,W_2 灌水模式 40~100 cm 土层土壤含水率灌水前后变化最为显著,原因是 W_2 灌水模式畦首受水时间长,水分向土壤深层迁移,产生深层渗漏。辛琪(2019)的试验结果表明,管渠自动控水灌溉灌水均匀度显著高于畦灌,在 0~60 cm 土层内灌水后 2~28 d 一直高于畦灌处理,且下降幅度较小,随时间的变化较为稳定。本试验研究结果表明,W_1 灌水模式能够显著提高土壤含水率的空间分布均匀度,显著改善了 W_2 灌水模式畦首水量过多、畦尾水量不足分布不均的现象,灌水均匀度(克里斯琴森均匀系数)均在 0.85 以上。

施氮可以提高土壤中硝态氮的含量,其残留量与分布规律受灌水方式和作物对氮素的吸收利用量有关,单次灌水量过大会增大浅层土壤硝态氮的淋溶损失,使土壤中氮素向土壤下层移动,同时施氮量过高时,土壤中硝态氮的残留量也会显著增加(王振华等,2016;张君等,2016)。本试验研究结果与之相似,各施氮处理,夏玉米生长前期土壤表层硝态氮含量较高,而随着夏玉米生育期的推进以及灌水和施肥,40~100 cm 土层硝态氮含量逐渐增大,2020年更为明显,这表明灌水和施氮量过多则会导致深层土壤硝态氮含量增加,但深层土壤中的氮素很难被作物吸收利用,大量的氮素以硝态氮的形式通过淋洗等途径污染农业生态环境(Ju 等,2007)。从收获时夏玉米田硝态氮残留量来看,0~40 cm 土层硝态氮含量 W_1 灌水模式大于 W_2 灌水模式,40~100 cm 土层硝态氮含量 W_1 灌水模式小于 W_2 灌水模式,说明 W_1 灌水模式通过减少灌水量能够减少浅层土壤硝态氮的淋溶损失,减少浅层土壤中的氮素向土壤下层的移动。

夏玉米各生育期 0~100 cm 土层剖面硝态氮含量各处理所呈现的规律相似,0~60 cm 土层土壤硝态氮含量随土层深度的增加呈现逐渐降低的趋势,60~100 cm 土层土壤硝态氮含量较为稳定,各处理 0~60 cm 土层随施氮量的增加,各土层土壤硝态氮含量逐渐变大。相较于 W_2 灌水模式,W_1 灌水模式可以显著提高夏玉米水平方向硝态氮分布均匀度,W_2 灌水模式硝态氮分布表现为畦中段>畦尾>畦首,原因是畦灌的施肥方式为均匀撒施,灌溉时水流从畦首缓慢向畦尾推进,畦田首部受水时间长,氮肥随水流往畦田后方移动,畦田中段硝态氮含量增大,随着水流推进,畦田尾部土壤含氮量相应增大。管渠自动控水灌溉通过管渠随水施肥,不受畦田长度的影响,水肥从管渠溢出后,向畦田两边产生横向流动,提高了水肥均匀度。W_1 灌水模式下各处理土壤硝态氮含量在水平方向和竖直方向基本一致。

4.4.4　不同施氮量对夏玉米形态生理指标的影响

前人研究结果表明,干物质积累是产量形成的物质基础,抽雄期—成熟期是夏玉米产量形成的关键期,超过 70% 的籽粒灌浆物质来源于开花期之后的物质生产,增加夏玉米生育后期的叶面积指数,能够延缓叶片的衰老,适宜的施氮量有利于提高夏玉米的株高和茎粗,过量施氮影响效应减弱甚至产生抑制作用(董树亭等,1997;黄振喜等,2007)。本试验研究结果表明,2019 年夏玉米株高随施氮量的增加呈先增大后降低的趋势,W_1 灌水模式下,拔节期较 N_0 处理,N_{150}、N_{240}、N_{300}、N_{330} 处理株高分别增加 7.14%、14.29%、12.24% 和 10.71%,拔节期—抽雄期夏玉米株高增长迅速,株高增长在 105.02 ~ 126.44 cm,施氮量为 240 kg/hm² 时株高达到最大值。

景立权等(2014)研究表明,适量施氮可以增大夏玉米茎秆第一、二、三节间长度及茎粗。本试验研究结果表明,播种期—拔节期夏玉米茎粗快速增长,拔节期—抽雄期夏玉米茎粗增长速度减缓,在抽雄期达到最大值,W_1 灌水处理与 W_2 灌水处理拔节期和抽雄期夏玉米茎粗无显著性差异,但灌浆期与成熟期 W_1 灌水处理夏玉米茎粗显著高于 W_2 灌水处理。在 W_1 灌水模式下,增施氮肥能够显著提高夏玉米各时期的茎粗,施氮量为 300 kg/hm² 时茎粗达到最大值,施氮能够显著增加夏玉米拔节期茎粗,较不施氮 N_0 处理,N_{150}、N_{240}、N_{300}、N_{330} 处理夏玉米茎粗分别增加 24.02%、37.65%、40.33%、39.18%,施氮对夏玉米整个生育期茎粗影响显著,适量施氮有利于茎秆生长发育。

孟晓琛等(2020)研究表明,玉米叶面积指数随施氮量的增加而增大。本试验研究结果表明,夏玉米 LAI 随着施氮量的增加先增大后减小,施氮有利于增大夏玉米的叶面积,提高夏玉米光合效率,但过量施氮对夏玉米叶片的生长起一定的抑制作用,不利于叶片生长,施氮量在 240 kg/hm² 时出现最大值,各生育期不同施氮处理 LAI 变化趋势相似,LAI 先增大后减小,均在抽雄期达到最大值。

4.4.5　不同施氮量夏玉米干物质积累和产量构成的影响

氮素是影响夏玉米生长发育、干物质积累转运和产量构成的重要因素,适量施氮有利于增强玉米对矿物元素和水分的吸收能力,从而提高夏玉米产量。前人研究结果表明,在不施氮条件下,苗期和灌浆期亏水会严重影响玉米产量,而随着施氮量的增加,苗期和灌浆期亏水对产量的影响减弱(成一雄,2020)。本试验研究结果与其相似,2019 年播种期—抽雄期较为干旱,降水量少,W_1灌水处理在此时期内产生轻度的干旱胁迫,W_1灌水处理与W_2灌水处理茎秆与叶片干物质积累无显著性差异,但成熟期夏玉米茎秆干物质积累量和籽粒干物质积累量W_1灌水处理显著高于W_2灌水处理,与W_2灌水处理相比,W_1灌水处理成熟期茎秆干物质积累量和籽粒干物质积累量分别增加2.04%和5.51%,说明W_1灌水模式更有利于夏玉米的生长发育和籽粒的形成,提高产量。W_1灌水模式下,施氮能够显著增加地上部干物质积累,提高籽粒在成熟期干物质中的分配比例,但在施氮量达到一定程度后,随着施氮量的增加,地上部干物质积累量增加幅度不明显甚至出现降低的趋势。

第 5 章　结　论

本书在进行了大量试验、分析的基础上,对大田作物水肥一体化高效自动地面灌溉技术及应用进行了研究,取得了较好成果。

(1)管渠灌溉条件下,不同土壤初始含水率、土壤容重、灌水定额、灌水流量和畦宽条件下田面水深与入渗时间的关系均符合指数函数关系。同一入渗时间条件下,管渠灌溉田面水深随着土壤初始含水率、土壤容重和灌水定额的增加而增大,但不同畦宽对田面水深影响不显著;分别建立了以田面水深为因变量,各影响因素和入渗时间为自变量的数学模型,并进行模型验证,所得模型的可靠程度较高。

(2)管渠灌溉条件下,不同土壤初始含水率、土壤容重、灌水定额和畦宽条件下,管渠灌溉各向湿润锋运移距离与入渗时间具有较好的对数函数关系。分别建立了以各向湿润锋运移距离为因变量,土壤初始含水率、土壤容重、灌水定额、畦宽和入渗时间为自变量的数学模型,所建数学模型能较好地反映湿润锋运移过程。管渠灌溉湿润锋运移速率与入渗时间符合幂函数关系。相同入渗时间的湿润锋运移距离和运移速率随着土壤初始含水率和灌水定额的增大,土壤容重的减小,呈现出增大趋势,但随着畦宽的增大变化不显著。

(3)建立了包括土壤初始含水率、土壤容重和灌水定额的田面水深综合预测模型和各向湿润锋运移距离综合预测模型,通过将实测值与预测值对比得出,该模型满足精度要求。

(4)建立关于灌水流量、灌水定额、畦宽的灌水评价指标的技术参数优化模型,得到畦灌适宜的灌水流量、灌水定额和畦宽组合,为管渠灌溉灌水过程技术参数控制和灌水质量改善提供依据。

(5)管渠灌溉处理在畦田上灌水均匀,减少了灌溉时土壤水无效蒸发,并提高对深层土壤水的利用率,满足了冬小麦生育后期的需水量,达到了节水的效果。

(6)管渠自动控水灌溉条件下 2019 年灌溉定额随施氮量的增加先减少后增多,N$_{240}$ 处理夏玉米全生育期灌溉定额最小,2020 年,灌溉定额随施氮量的增加无明显趋势。灌水和施氮对夏玉米田 0～100 cm 土层土壤剖面水分分布产生了一定的影响,土壤含水率虽有差异,同一生长时期,各处理土壤剖面水分分布规律较为相似。拔节期各处理 0~100 cm 土层土壤含水率呈现出随施氮量的增加而减小的趋势,各处理夏玉米各时期土壤含水率 0~60 cm 土层水分波动范围较大,拔节期—成熟期呈现出减小—增大—减小的趋势,60~100 cm 土层土壤含水率波动范围较小,灌水均匀度(克里斯琴森均匀系数)均在 0.85 以上。

(7)管渠自动控水灌溉条件下,夏玉米各生育期 0~100 cm 土层剖面硝态氮含量各处理所呈现的规律相似,0~60 cm 土层土壤硝态氮含量随土层深度的增加呈现逐渐降低的趋势,60~100 cm 土层土壤硝态氮含量较为稳定,随着夏玉米生育期的推进,深层土壤硝态氮含量略有增加。随着施氮量的增加,0~100 cm 土层剖面硝态氮含量显著增大,0~100 cm 土层硝态氮残留量随施氮量的增大而增大,降水以及灌水均能够增大深层土壤硝态氮含量,2020 年最为显著。相较于畦灌,管渠自动控水灌溉可以显著提高夏玉米水平方向硝态氮分布均匀度,各处理的克里斯琴森均匀系数在 0.8 以上。

(8)管渠自动控水灌溉条件下,随着施氮量的增大,夏玉米株高、茎粗、叶面积指数均呈现出先增加后降低的趋势,其中株高和叶面积指数在施氮量为 240 kg/hm² 时出现最大值,茎粗在施氮量为 300 kg/hm² 时取得最大值,适当施氮能够提高夏玉米茎秆与叶片氮素积累量,提高夏玉米营养器官氮素转运量和转运效率,但过度施氮效果不显著,甚至有降低的趋势。管渠自动控水灌溉条件下施氮能够提高夏玉米的成穗数和百粒重,少量施氮对夏玉米穗行数和行粒数无显著性差异,过量施氮则会对夏玉米产量构成要素产生抑制作用,施氮量在 240~300 kg/hm² 时能够增加夏玉米营养器官干物质积累所占比重和提高夏玉米籽粒产量。

(9)管渠自动控水灌溉条件下 2019 年 N_{240} 处理 WUE 和 IWUE 均显著高于其他处理,相较于 N_0 处理,N_{150}、N_{240}、N_{300}、N_{330} 处理 WUE 分别提高 18.81%、36.67%、33.38%、27.7%,IWUE 分别提高 18.27%、43.72%、37.4%、31.37%,适当增加施氮量能够显著提高 WUE 和 IWUE,施氮量为 240 kg/hm² 时均达到最大值,随着施氮量的继续增加,WUE 和 IWUE 又均显著降低。2020 年各处理 WUE 均低于 2019 年,IWUE 均高于 2019 年,原因是 2020 年降水量大且受台风影响,只在播种期与拔节期灌水,灌溉定额小于 2019 年,W_1 灌水处理 WUE 和 IWUE 均显著高于 W_2 灌水处理,W_1 灌水模式下,N_{240} 处理与 N_{330} 处理 WUE 与 IWUE 无显著性差异,N_{240} 处理与 N_{330} 处理 WUE 无显著性差异,其他处理显著性差异与 2019 年相似。

(10)管渠自动控水灌溉条件下,N_{240}、N_{300} 处理籽粒氮素积累量和植株氮素积累量无显著性差异,且籽粒氮素积累量显著高于其他处理,施氮能够显著增加夏玉米籽粒氮素积累量,过量施氮则会使籽粒氮素积累量显著性降低,相较于 N_0 处理,N_{150}、N_{240}、N_{300}、N_{330} 处理籽粒氮素积累量可分别提高 22.33%、47.22%、51.78% 和 41.04%,植株氮素积累量分别提高 19.65%、40.6%、44.02%、36.02%,在传统施氮量基础上适宜减少施氮量,有利于夏玉米籽粒和植株氮素的积累,获得较高的氮素收获指数、氮肥农学利用效率和提高氮肥利用效率。

（11）与畦灌相比,管渠自动控水灌溉节水效果显著,2019 年和 2020 年可分别节水 36.51% 和 39.5%,播种期可减少灌水量 26.34~29.28 mm,拔节期可减少灌水量 15.04~18.97 mm。管渠自动控水灌溉灌水均匀度显著高于畦灌,管渠自动控水灌溉呈现出较好的灌水均匀性,有效地解决了畦灌畦首水量过多、畦尾水量不足、分布不均的现象,同时有效地减少灌水时间,使水流向畦田两边推进,显著提高了夏玉米水平方向硝态氮分布的均匀度。适当的干旱胁迫能够抑制夏玉米茎秆、叶片的过快增长,灌水次数和灌水量会影响氮素作用的发挥,灌溉水量过多,会造成氮素损失,施氮量在 240~300 kg/hm^2 时有利于夏玉米植株的生长,对夏玉米的生长起促进作用。管渠自动控水灌溉更有利于夏玉米对水分的利用,能够显著提高夏玉米茎粗、株高、叶面积指数,提高夏玉米成穗数,有利于产量的提高。

综上所述,与畦灌相比,管渠自动控水灌溉能够显著降低作物灌溉定额,显著提高水分利用效率、灌溉水利用效率、灌溉均匀度和肥料利用效率,是一种非常适合广大灌区大田作物的高效节水灌溉技术。

参 考 文 献

[1] 赵蕾.新时期地面灌溉种类与优劣势分析[J].现代农业,2020(10):73-74.

[2] 夏青.农业节水化进行时[J].农经,2020(7):24-31.

[3] 谭鸣.探析传统农业施肥的不足及现代农业施肥的发展方向[J].种子科技,2018,36
(10):8,11.

[4] 中华人民共和国国土资源部.2016中国国土资源公报[J].国土资源通讯,2017(8):
24-30,45.

[5] 吴霞,王培娟,公衍铎,等.1961—2015年黄淮海平原夏玉米干旱识别及时空特征分析
[J].农业工程学报,2019,35(18):189-199.

[6] 李明悦,金修宽,高伟,等.不同施氮水平对鲜食玉米产量及氮素吸收的影响[J].天津
农业科学,2020,26(8):53-55,60.

[7] Clemmens A J, Eisenhauer D E, Maheshwari B L. Infiltration and roughness equations for
surface irrigation:howforminfluences estimation[A].ASAE Annual Meeting[C].California,
USA,2001:1-19.

[8] 费良军,王云涛.地面灌溉田面水流运动理论的研究现状[J].水资源与水工程学报,
1993(1):37-41.

[9] 费良军,王云涛.畦灌水流运动的零惯量数值模拟及其应用[J].西安理工大学学报,
1994(2):122-129,158.

[10] 费良军,王云涛.涌流畦灌田面水流运动特性的试验研究[J].灌溉排水,1995(2):
14-18.

[11] 闫庆健,李久生.地面灌溉水流特性及水分利用率的数学模拟[J].灌溉排水学报,
2005(2):62-66.

[12] 樊惠芳.由水流扩散和消退资料推求冬小麦膜缝畦灌的最佳灌水技术参数[J].陕西
农业科学,2003(1):3-5,65.

[13] 苗庆丰,史海滨,李瑞平,等.José Manuel Gonalves.河套灌区畦-沟分灌水分利用效率
及节水效果试验研究[J].干旱区资源与环境,2015,29(10):135-139.

[14] 李益农,许迪,李福祥.影响水平畦田灌溉质量的灌水技术要素分析[J].灌溉排水,
2001(4):10-14.

[15] 史学斌,马孝义,党恩魁,等.地面灌溉水流运动数值模拟研究述评[J].干旱地区农
业研究,2005(6):191-197.

[16] Walker W R. Multilevel calibration of furrow infiltration and roughness[J]. J. Irrig. and
Drain. Engrg. ,2005,131(2):129-136.

[17] Holzapfel E A, Jara J, Zuniga C. Infitration parameters for furrow irrigation[J]. Agricul-

tural Water Management, 2004, 68(1):19-32.

[18] 魏小抗.畦灌田面水流运动的零惯性量数学模型[J].水利学报,1996,18(1):38-41.

[19] Playan E. Two-dimensional simulation of basin irrigation:I:THEORY[J]. Journal of Irrigation and Drainage Engineering, ASCE, 1994,120(5):837-856.

[20] Khanna M, Malano H M, Fenton J D, et al. Design and management guidelines for contour basin irrigation layouts insoutheast Australia[J]. Agricultural Watre Management, 2003, 62(1):19-35.

[21] 黎平,胡笑涛,蔡焕杰,等.基于SIRMOD的畦灌质量评价及其技术要素优化[J].人民黄河,2012,34(4):77-80,83.

[22] 章少辉,许迪,李益农,等.基于SGA和SRFR的畦灌入渗参数与糙率系数优化反演模型II——模型应用[J].水利学报,2007(4):402-408.

[23] 金建新,张新民,徐宝山,等.基于SRFR软件垄沟灌土壤水分入渗参数反推方法评价[J].干旱地区农业研究,2014,32(4):59-64.

[24] Wang J D, Gong S H, Xu D, et al. Impact of drip and level-basin irrigation on growth and yield of winter wheat in the North China Plain[J]. Irrigation Science, 2013,31(5):1025-1037.

[25] 孔东,晏云,段艳,等.不同水氮处理对冬小麦生长及产量影响的田间试验[J].农业工程学报,2008,24(12):36-40.

[26] 张英华,张琪,徐学欣,等.适宜微喷灌灌水频率及氮肥量提高冬小麦产量和水分利用效率[J].农业工程学报,2016,32(5):88-95.

[27] 王德梅,于振文.灌溉量和灌溉时期对小麦耗水特性和产量的影响[J].应用生态学报,2008(9):1965-1970.

[28] 杨静敬,路振广,邱新强,等.不同灌水定额对冬小麦耗水规律及产量的影响[J].灌溉排水学报,2013,32(3):87-89.

[29] Chen S Y, Zhang X Y, Sun H Y, et al. Effects of winter wheat row spacing on evapotranpsiration, grain yield and water use efficiency[J]. Agricultural Water Management, 2010,97(8):1126-1132.

[30] Chen T T, Xu Y J, Wang J C, et al. Polyamines and ethylene interact in rice grains in response to soil drying during grain filling[J]. Journal of Experimental Botany, 2013, 64(8):2523-2538.

[31] Yan S C, Zhang F C, Zou H Y, et al. Effects of water and fertilizer management on grain filling characteristics, grain weight and productivity of drip-fertigated winter wheat[J]. Agricultural Water Management, 2019, 213:983-995.

[32] 肖俊夫,刘战东,段爱旺,等.不同灌水处理对冬小麦产量及水分利用效率的影响研究[J].灌溉排水学报,2006(2):20-23.

[33] 聂大杭,陈蕾蕾,高建民,等.膜下滴灌不同灌水量对玉米产量及水分利用率的影响

[J].作物研究,2018,32(6):489-491.

[34] 贺冬梅,张崇玉.不同水氮磷钾耦合条件下玉米干物质与养分累积动态变化[J].干旱地区农业研究,2008(3):124-127,137.

[35] 石岳峰,张民,张志华,等.不同类型氮肥对夏玉米产量、氮肥利用率及土壤氮素表观盈亏的影响[J].水土保持学报,2009,23(6):95-98.

[36] 冯严明,丛鑫,牟晓宁,等.水肥施用量对夏玉米生长及产量的影响[J].节水灌溉,2020(8):50-54.

[37] 刘树堂,东先旺,孙朝辉,等.水分胁迫对夏玉米生长发育和产量形成的影响[J].莱阳农学院学报,2003(2):98-100.

[38] 肖俊夫,刘战东,刘祖贵,等.不同灌水次数对夏玉米生长发育及水分利用效率的影响[J].河南农业科学,2011,40(2):36-40.

[39] 徐祥玉,张敏敏,翟丙年,等.施氮对不同基因型夏玉米干物质累积转移的影响[J].植物营养与肥料学报,2009,15(4):786-792.

[40] 高素玲,刘松涛,杨青华,等.氮肥减量后移对玉米冠层生理性状和产量的影响[J].中国农学通报,2013,29(24):114-118.